世界の阿蘇に立野ダムはいらない PART 2

ダムより河川改修を

とことん検証
阿蘇・立野ダム

立野ダム問題ブックレット編集委員会
立野ダムによらない自然と生活を守る会 ………… [編]

花伝社

ダムより河川改修を――とことん検証 阿蘇・立野ダム◆目次

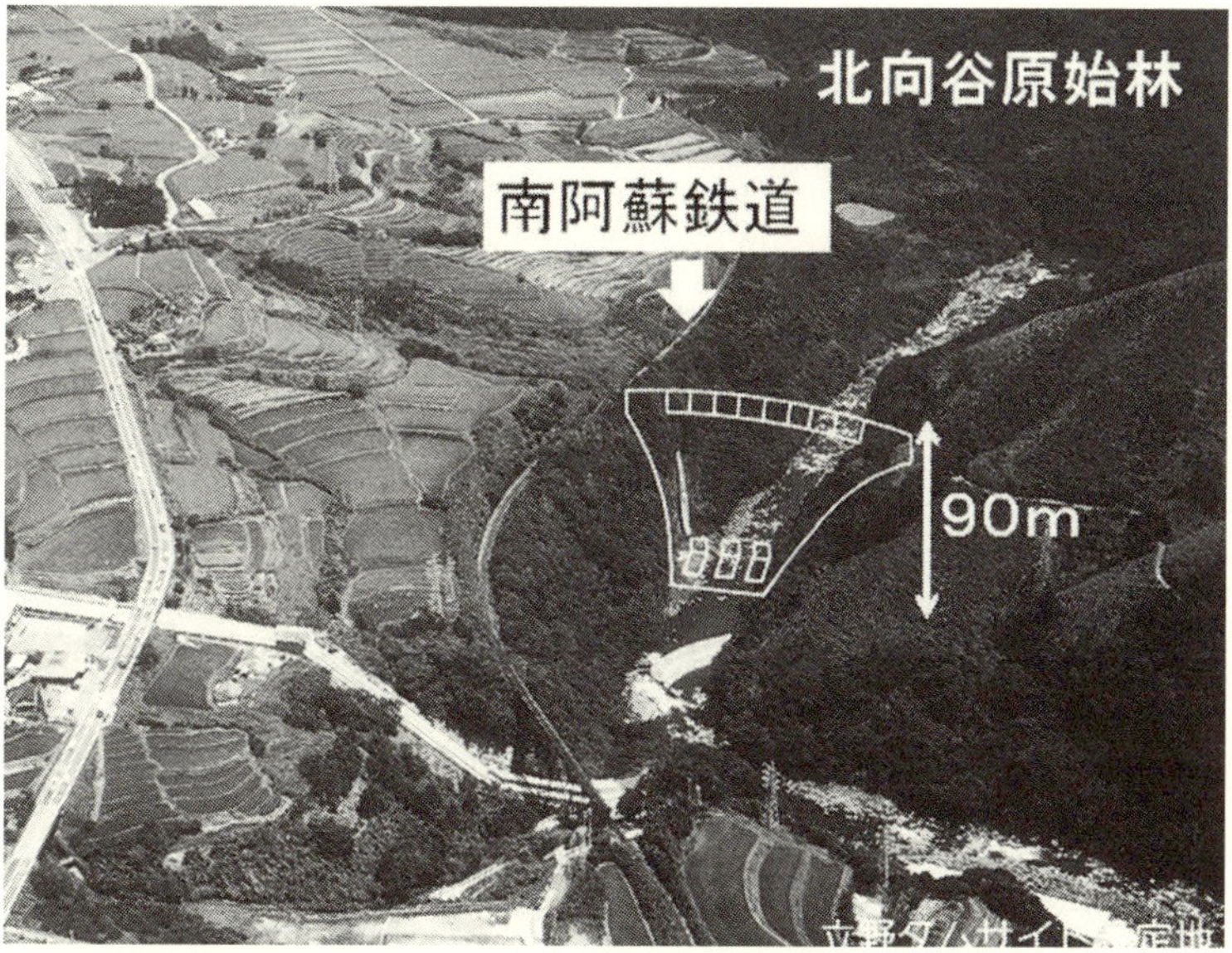

高さ 90 mの立野ダムと南阿蘇鉄道、北向谷原始林の位置
（国土交通省資料より）

はじめに

二〇一二（平成二四）年七月一二日、白川流域は記録的な豪雨に見舞われ、流域の各所で土砂災害や浸水被害を引き起こしました。洪水当日より私たちは洪水被害の調査を開始し、被災状況の写真も多数記録し、白川の堤防などに残った洪水痕跡もできる限り記録しました。そして、白川の河川改修の早期実現を、国や県に繰り返し要請しました。

また、白川の河川横断図や流下能力算定表などの資料を国土交通省に情報開示請求し、二〇一二年九月までに開かれた「立野ダム建設事業の関係地方公共団体からなる検討の場」で開示された資料とも合わせて検証しました。その検証結果を、二〇一二年一二月に「世界の阿蘇に立野ダムはいらない」と題するブックレットにまとめて出版し、白川の災害対策は立野ダムを建設するのではなく、河川改修をはじめとする総合的な治水対策を進めるべきであるとの具体的提言を行いました。

二〇一二年一二月の私たちの提言から約一年半が経過した現在、白川の状況を見ると、私たちの提言通りに河川改修が急ピッチで進んでいます。熊本市内で堤防がなかった大甲橋から長六橋までの右岸側も、一年もたたずに高さ二メートルの立派な堤防が完成しました。明午橋などの架け替え工事も進み、国の管理区間では河川整備が完成に近づいています。ほとんど手つかずだっ

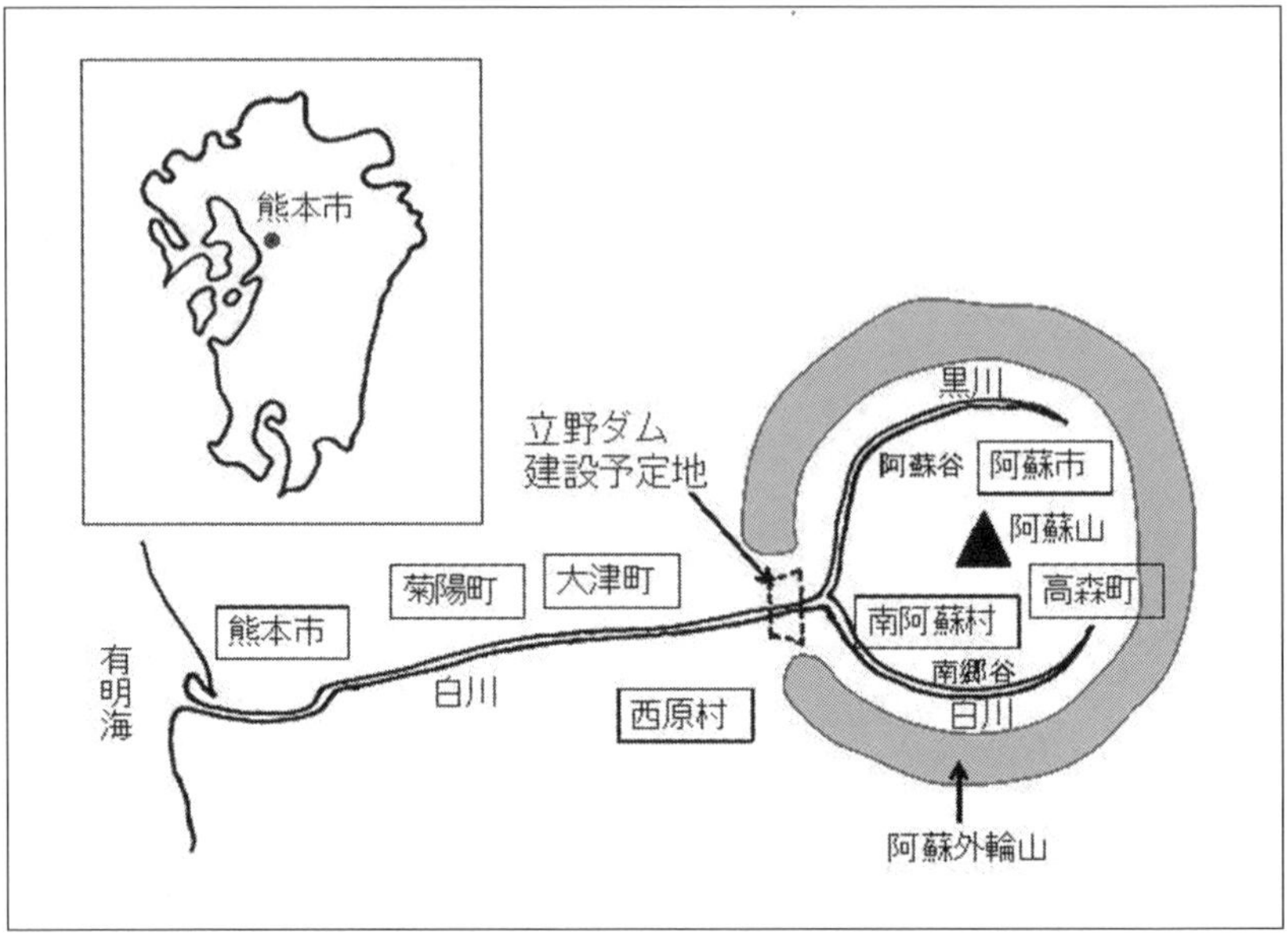

白川と立野ダム予定地、阿蘇山の位置

た小積橋から上流の県管理区間も、これから改修工事が一気に進むでしょう。

一方では、熊本が世界に誇る阿蘇の外輪山の唯一の切れ目に、「洪水調節」だけを目的とした高さ九〇メートルもの立野ダムがつくられようとしています。国土交通省は、河川改修に加えて立野ダムを建設しないと、白川は安全な川にならないと主張します。しかし、立野ダムは流域に安全をもたらすどころか、むしろ災害源になることが専門家からも指摘されています。にもかかわらず、国土交通省は立野ダムについて、住民に説明会さえ開こうとしません。なぜ国土交通省は、立野ダムのことを住民に説明しようとしないのでしょうか。

十分な説明もないままに立野ダムができれば、将来に大きな禍根を残します。そこで、現在明らかになった立野ダムの問題点を改めて検証するとともに、河川改修をすすめ白川を安全な川にするには、住民の声こそが重要であるとの考えで本書を編集しました。
本書は、河川や土木の専門家ではない一般の住民による、住民の視点で考えた白川流域の災害対策についての提案です。

地理：白川は熊本県の中央部に位置する河川で、その源を阿蘇・根子岳に発し、阿蘇カルデラの南の谷（南郷谷）を流下し、同じく阿蘇カルデラの北の谷（阿蘇谷）を流れる黒川と立野で合流した後、熊本平野を貫流して有明海に注ぐ、幹川流路延長七四キロメートル、流域面積四八〇平方キロメートルの一級河川です。
阿蘇カルデラ（外輪山）は、南北二五キロメートル、東西一八キロメートルで、中心部に中央火口丘の阿蘇山があり、カルデラ底を北部の阿蘇谷、南部の南郷谷に分断しています。カルデラ内の阿蘇谷と南郷谷には湖底堆積物があり、阿蘇谷では比較的新しい湖底堆積物があることから、最近までカルデラ湖があったことがわかっています。この阿蘇カルデラの唯一の切れ目である立野火口瀬に、立野ダム建設がすすめられようとしています。

【寄稿】川を愛し、豊かにするのは流域住民である

弁護士　板井　優

二〇一二年七月一二日、大変な洪水が白川（上流部の黒川を含む）を襲いました。しかし、その後、熊本市内でも続々と堤防工事が行われ、河道拡幅工事のために明午橋や子飼橋の架け替え

工事が急ピッチで行われています。この工事は表面的には、国交省などの行政が行っています。しかし、これを実質的に行わせているのは、流域住民です。

とりわけ、二〇一二年五月という水害前に設立された「立野ダムによらない自然と生活を守る会」の活躍は目を見張るものがあります。ここに集まった流域住民たちは、あの水害が起こる前から白川の現地調査を行い、河川改修を早急に行うことを発言してきました。そして、不幸にも水害が起こるや、自転車で水害の起きた箇所を駆けめぐり、写真を撮り、河川改修の提案を行い、その年の一二月にはその成果をまとめて『世界の阿蘇に立野ダムはいらない』と題するブックレットを公刊しました。そして、まさに八面六臂の活躍で、住民たちの意見を取り纏め、行政に対し早急なる河川改修を訴えてきました。

この中では、厳粛なる自然によって囲まれている藤崎宮が、その背後から水害に侵されるという、あってはならない事態に対する貴重な現地調査や写真もありました。国交省を始めとする行政はこの声に真摯に応えざるを得ませんでした。これはまさに日本国憲法にいう民主主義の発露であり、成果です。

「始めにダムありき」ではなく、「ダムによらない治水を究極まで追求する」流域住民の活動がここにはあります。その中で、「アイ・ラブ・白川」の声のもと、白川と親しむ様々な行事も行われてきました。また、白川の自然を豊かにしようという声も高まりました。この活動は、十分な顕彰に値するものであり、流域住民のあるべき姿です。

私は、熊本市に住んでいて、どうして銀座橋周辺の繁華街よりの川岸に、毎年雨期になると土嚢を積むのか不思議でなりませんでした。現在、この繁華街には地下街が広がっています。そこに水害の泥水が流れ込めば、大変な被害が起こることは明らかです。

今般、立野ダム問題ブックレット第二弾が出版されます。このブックレットは、水害から自由になる住民決定による河川改修のあり方をあますところなく記したものです。是非とも、流域住民はもちろん、熊本市を含む流域自治体、熊本県、国交省の担当者の方々にも読んでいただきたいと思います。

加えて、世界文化遺産の登録を目指す阿蘇の一角に立野ダムを造るということが、まさに歴史的愚行であることを深く感じ取っていただきたいと思う次第です。

第１回白川河川改修現地調査
銀座橋上流右岸にて（熊本市）
2012年5月22日撮影

浸水直後、火山灰（ヨナ）が厚く堆積した
藤崎宮境内（熊本市）
2012年7月12日17時23分撮影

第1章　立野ダム問題と白川改修の現在

1　立野ダム計画の概要

立野ダムは、阿蘇外輪山の唯一の切れ目である立野火口瀬に国土交通省が計画した、高さ九〇メートルの洪水調節専用の穴あきダムです。通常はダム最下部に設けられた三つの穴（高さ五メートル×幅五メートル）から通水し、水はためないとされます。

立野ダム完成予想図。ダムの向こうは北向谷原始林、手前は南阿蘇鉄道の立野橋梁
（国土交通省資料より）

立野ダム建設予定地の現状。上の完成予想図と同じ地点より撮影
2012年11月23日撮影

立野ダム事業は一九八三（昭和五八）年に開始され、取り付け道路などの工事は進みましたが、二〇一四（平成二六）年時点でも本体工事には着手されていません。総事業費は九一七億円（平成二四年度現在）です。

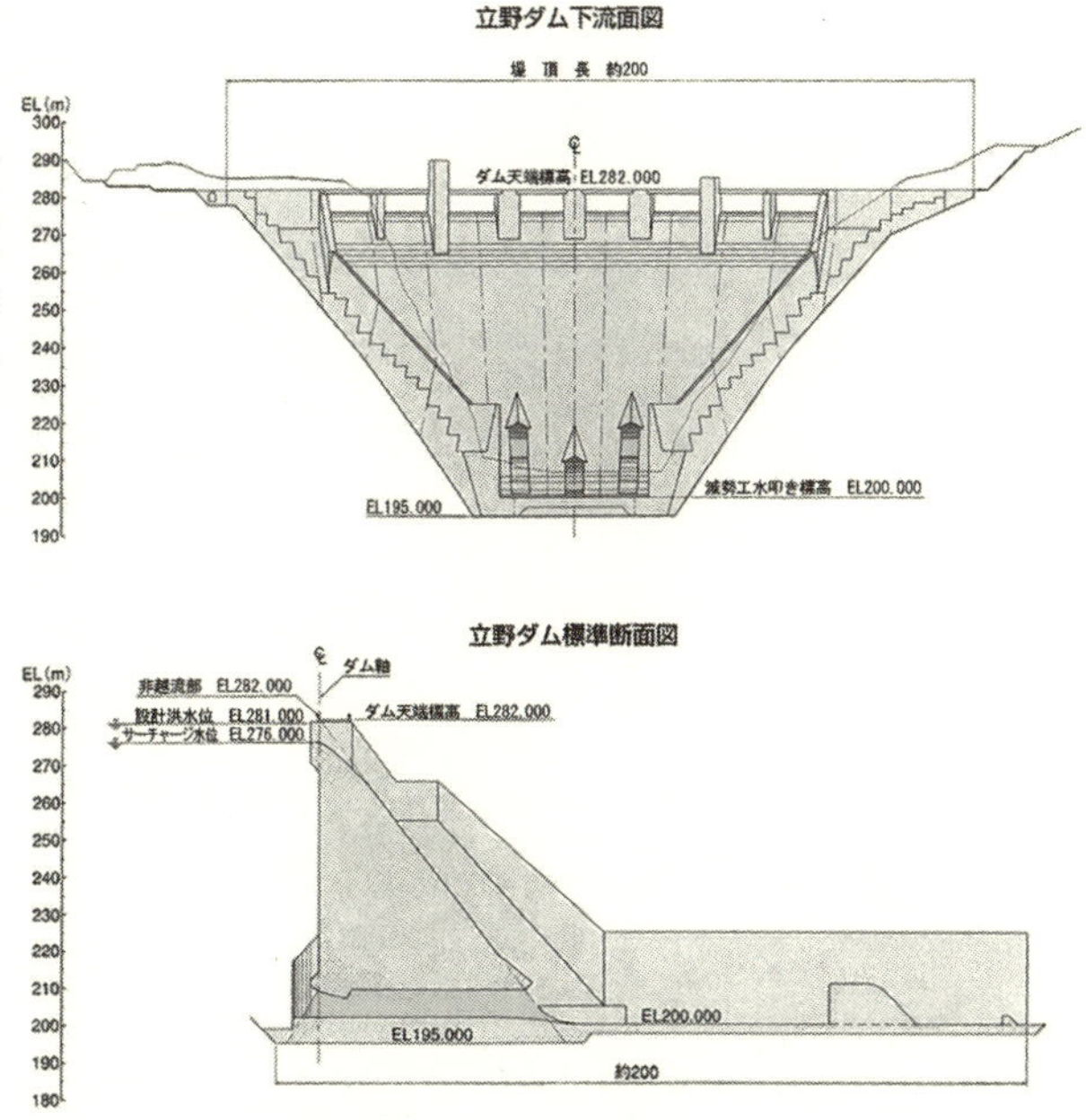

ダム下部に３つの穴が開いている立野ダム
（国土交通省資料より）

立野ダムは、ダムの下部に穴が開いているので、農業利水にも発電にも役に立ちません。洪水調節だけを目的としたダムですが、洪水時にはダム下部に開いた穴（高さ五メートル×幅五メートル）が流木などでふさがり、洪水調節不能になるのは明らかです。流域の安全を守るどころか、危険をもたらすダム計画です。

阿蘇は、日本を代表する活火山です。ダム完成後、火山活動等により地盤が動けば、ダム本体とまわりの地盤の間にすき間が生じ、最悪の場合、ダムの崩壊へとつながります。

２　立野ダムの民意と行政の説明責任

国土交通省は二〇一一年より、立野ダム計画を継続するかどうかを検証する「立野ダム事業検証」を行いましたが、二〇一二年一二月に国土交通大臣が立野ダムの事業継続を決定しました。

国土交通省が説明を拒否した立野ダムを考えるつどい（県議の会主催）
2013年11月29日撮影

事業者が自らの事業を自分で検証しても、客観的な検証はできませんでした。

二〇一二年九月に、立野ダム事業検証の一環で行われた公聴会では、流域住民三〇人が発言し、全員が立野ダムに反対の意見を述べ、ダム賛成意見は一人もいませんでした。しかし、流域の首長や県知事は国の姿勢に追随し、同時期に熊本県議会や熊本市議会は立野ダム建設推進の意見書を可決しました。

白川流域に住むほとんどの人たちは、「立野ダムはどんなダムで、何を目的につくられるのか、どこにできるのか聞いていない」という認識です。にもかかわらず国土交通省は、住民が要望している立野ダムの説明会を開こうとしません。また、「ダムによらない治水・利水を考える県議の会」が国土交通省に説明を求めた集会さえも、同省は出席を拒否しました。さらには、住民団体が繰り返し提出した立野ダムに関する質問状にさえ、きちんと回答しようとせず「当省のホームページを見るように」との見解を繰り返すばかりです。

立野ダム建設が住民のためになるのならば、国土交通省は堂々と説明すればよいのに、なぜ説明しようとしないのでしょうか。国は立野ダムの問題点が明らかになることを恐れ、説明会さえ開けないと言わざるを得ません。

公共事業は本来、住民の税金により、住民のために行われるべきものであり、事業者には当然

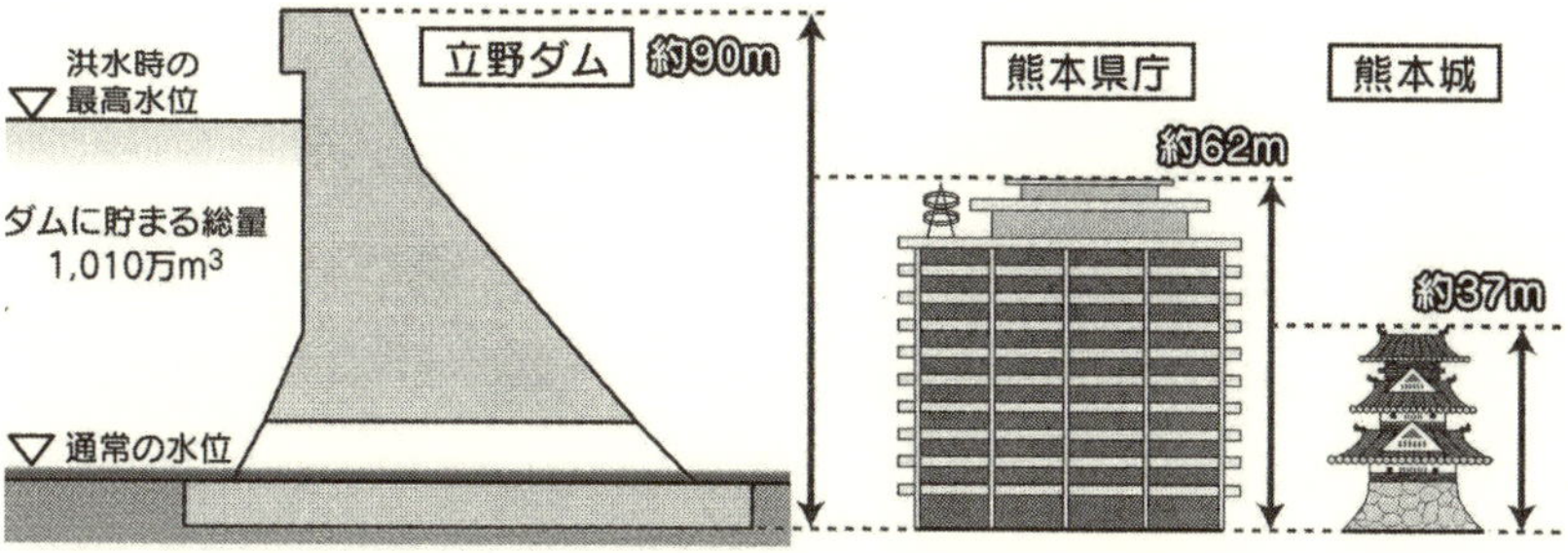

立野ダムの高さ。熊本県庁よりはるかに高い構造物が国立公園の特別保護地区に計画されている（国土交通省資料より）

説明責任があるはずです。国土交通省は説明責任を果たすべきです。

３　立野ダムの予算と工期

「国土交通省は仮排水路の工事に年内に着工する考え。二〇一六年度中には本体工事にこぎつけたい意向」との報道を目にしますが、それは可能なのでしょうか。

国土交通省がこれから着手しようとしている仮排水路トンネル工事で出る土の捨て場が確定しないことには、仮排水路トンネル工事に着手することはできません。二〇一四年三月に行われた土捨て場（圃場整備事業）の説明会で、「来年三月までに事業計画確定、その後に仮排水路に着工。仮排水路工事には三年かかる」との説明があったといいます。つまり、仮排水路が完成し、ダム本体工事に着手するのは最短であと四年後、ということになります。地権者の同意が得られなければ、さらに工期は延びます。

二〇一二年の立野ダム事業検証で、立野ダム予算は当初の倍以上の九一七億円にまで膨れ上がりました。最近、国土交通省自身が資材費や人件費の高騰などを理由に事業費が膨らむ懸念を表明しています。立野ダムは工事が進むとしても、事業費も工期も大幅にオーバーするのは確実です。

4　白川の共同漁業権の問題

白川漁協は二〇一四年三月一六日、大津町で臨時総会を開き、立野ダムの建設工事に伴い漁業権が一部の区間で消滅することなどに対して、国が示していた約五五〇〇万円の補償案を受け入れることを了承しました。

臨時総会に先駆け、漁協執行部は漁協組合員に十分な説明もせずに委任状や書面議決書を取得。臨時総会には、議決権を持つ正組合員二三六人のうち一九三人（委任状九人、書面議決書一二三人を含む）が出席。出席者からは「国土交通省から説明を聞いてからでもよいではないか」「時期尚早」などの声が出ましたが、議長の強引な議事進行により一七二人（委任状九人、書面議決書一一九人を含む）が賛成。重要案件の了承に必要な三分の二を上回りました。

吉原橋下流のやな場。モクズガニなどがとれる（熊本市）
2013 年 9 月 22 日撮影

白川漁協との漁業補償交渉は、立野ダム建設を進める上で重要な手続きです。にもかかわらず、国土交通省は漁協組合員に十分な説明もせずに、補償交渉を進めていたことが明らかになりました。

四月一六日には白川漁協と国は、漁業補償契約を締結してしまいました。しかし、臨時総会決議は、総会で三分の一以上の不同意で撤回することができます。

5　急ピッチで進む白川改修工事

二〇一二年七月洪水を契機に、これまで私たちが提言を繰り返してきた、白川の河川改修工事が急ピッチで進んでいます。熊本市内では、みらい大橋から明午橋の一二・九キロメートルが国の河川激甚災害対策特別緊急事業（激特）の対象となっており、新たに堤防を築く工事などが急ピッチで進んでいます。

これまで明午橋の上流は改修が未着手の区間が多く、特に小碩橋上流の熊本県管理区間は、ほとんど手つかずの状況でした。二〇一二年七月洪水で浸水被害を受けた区間は、改修が未着手の地区ばかりでした。

洪水後、私たちは繰り返し河川改修の必要性を国や県に訴えてきましたが、その後の行政側の対応の素早さには目を見張るものがありました。特に熊本県は、洪水のわずか三ヶ月後に新たな白川改修計画を発表し、住民が計画に疑問を呈した一部区間を除き、河川改修のための用地買収なども大きな混乱もなく進んでいます。国も県も、河川改修をやろうと思えばやれるのです。

国、県はこれらの河川改修で「九州北部豪雨と同程度の雨に対応できるようにしたい」と述べています。

6　阿蘇の大自然と白川の清流を未来へ！

二〇一二年五月に「立野ダムによらない自然と生活を守る会」を結成以来、私たち白川流域に住む住民は、立野ダム建設中止と白川改修の早期実現を求めて各行政機関などへの要望活動や集会、毎月一回のビラ配り・署名活動などを行ってきました。私たちは白川流域の安全を守るためには、危険な立野ダム建設によるのではなく、即効性のある河川改修などによる総合治水対策を求めています。

白川は、全国でも珍しいダムのない一級河川です。立野ダム建設は、ムダな公共事業の象徴であり、この問題を知った住民のほとんどは、立野ダム建設中止を求めています。ところが国土交通省は、九回の「住民討論集会」、五三回の「川づくり報告会」などでダム建設の問題点が浮き彫りになり、中止に追い込まれた川辺川ダムの事例に学び、住民に立野ダムのことを全く知らせずに、ダム建設を進めようとしています。

今後、立野ダムの「受益者」とされている熊本市などの下流域住民に立野ダム問題を広く知らせるとともに、流域住民のダム不要の意志をより鮮明に表し、これをさらに広い国民の世論で包み、ダム建設を完全中止に追い込んでいくことが、私たちの世代に課された責務です。

ストップ立野ダム署名活動（熊本市下通り）
2013年9月15日撮影

第2章　二〇一二年七月洪水後の白川の河川改修——河川改修は洪水を防ぐ

1　二〇一二年七月白川大洪水の概要

二〇一二年七月一二日の洪水で、白川は二二年ぶりに越水しました。阿蘇乙姫の雨量は六時間に四五九ミリに達し「千年に一度の豪雨」と報道され、阿蘇カルデラ内では土砂災害で二〇名以上の尊い命が失われました。熊本市の白川（代継橋地点）の最高水位も観測史上最高の六・三二メートルに達しました。

7・12洪水直後、鋼矢板が打ち込まれる。
銀座橋上流右岸（熊本市）
2012年8月25日撮影

1年もたたずに改修が完成した同地点
2013年5月22日撮影

　二〇一二年七月洪水と同規模の洪水を防ぐことが白川の治水の基本になると考え、私たちは二〇一二年一二月に、白川の災害対策は立野ダムにたよるのではなく、河川改修をはじめとする総合的な治水対策を進めるべきであるとの具体的提言を行いました。

二〇一二年一二月の私たちの提言から約一年半が経過した現在、白川の状況を見ると、私たちの提言通りに河川改修が急ピッチで進んでいます。二〇一二年七月洪水の状況と、その時点での私たちの提案、そして改修の進捗状況など白川の現状についてまとめました。

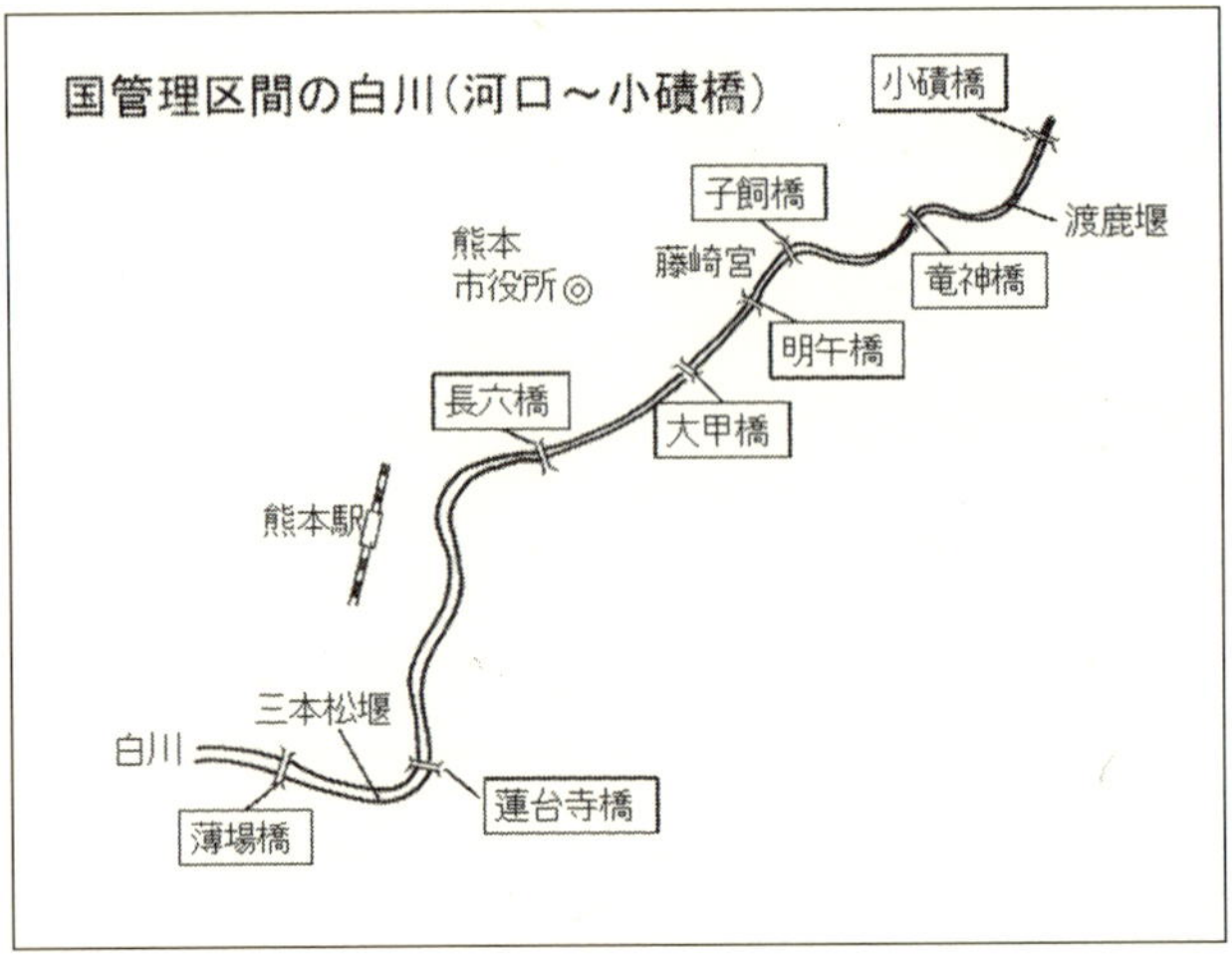

2　国管理区間（河口〜小磧橋）の洪水時の状況と現状

二〇〇二年に河川整備計画が策定され、国管理区間では二〇一二年七月洪水時には河川改修がある程度は進み、改修が完成している箇所で浸水することはありませんでしたが、未完成箇所が浸水被害を受けました。

洪水後、改修が完成していなかった区間では急ピッチで改修が行われ、今後架け替えが計画されている明午橋と竜神橋周辺、仮堤防の部分を除けば、国管理区間では二〇一二年七月洪水と同規模の洪水が来てもあふれない川づくりがほぼ完成しています。

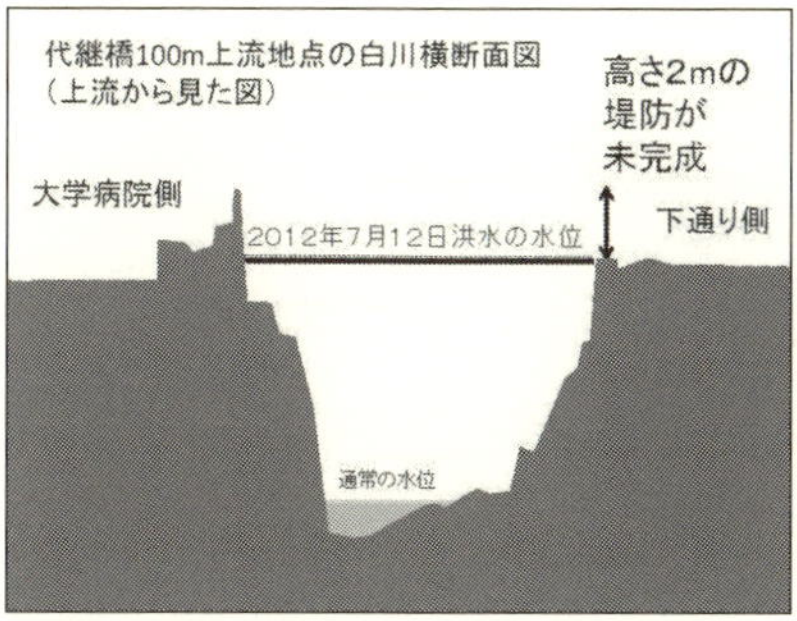

代継橋での 2012 年７月洪水の最高水位
（上流から見た白川の横断面図）

災害４ヶ月後にはつながった三本松堰右岸の堤防（熊本市）
2012 年 11 月 4 日撮影

①蓮台寺橋～薄場橋

【洪水時の状況】　氾濫することはありませんでしたが、三本松堰（河口から八・二キロメートル地点）付近右岸の堤防が未完成だったため、危うく越水するところでした。十禅寺地区では堤防上端から約四〇センチメートル下まで増水しました。

【現状】　三本松堰付近右岸の堤防は、災害後四ヶ月もたたないうちにつながりました。国管理区間の中で、蓮台寺橋周辺が改修後も流下能力が最も低くなっています。国土交通省が資料開示した「整備計画河道流下能力算定表」を見ると、蓮台寺橋（河口から八・六キロメートル地点）の改修後の流下能力（計画高水位）は毎秒一九二六トンであり、「熊本市街地での流量を毎秒二〇〇〇トンに増やす」とする整備計画の目標がクリアできていません。さらなる河道掘削等を行い、流下能力を増加させる必要があります。

②大甲橋～長六橋

【洪水時の状況】　左岸（大学病院側）は堤防が完成していたため、堤防の上端から一・五メートル以上の余裕がありました。しかし、この区間の右岸（下通り側）は高さ二メートルの堤防が未完成であったた

[1] 改修前、堤防がない大甲橋下流の右岸（下通り側）
2011 年 11 月 21 日撮影

[2] 土のうが積まれ、かろうじて浸水を免れた洪水直後の同地点
2012 年 7 月 12 日 16 時 15 分撮影

[3] 洪水直後に堤防工事が始まり、2ヶ月たたないうちに鋼矢板が打ち込まれた同地点
2012 年 8 月 25 日撮影

[4] 洪水翌年の梅雨入り前には 1 年もたたずに堤防工事が完成した同地点
2013 年 5 月 22 日撮影

め、早朝より土のうが積まれましたが、一部で越水し、国道3号線も一時通行止めとなりました。市役所や下通りなど繁華街もある右岸側は、かろうじて土のうで被害を免れたと言えます。

【現状】私たちが提案した右岸側堤防（高さ二メートル）は、災害後二ヶ月もたたないうちに鋼矢板が打ち込まれ、翌年五月には完成しました。これで右岸左岸ともに堤防上端から十分な余裕をもって洪水を流せます。

　なぜ熊本市の心臓部ともいえるこの区間の堤防工事が放置されたままだったのでしょうか。そしてなぜ洪水後にあっという間に完成したのでしょうか。立野ダム建設

[1] 改修前、川幅が広がる前の大甲橋上流の左岸（白川小学校側）。大甲橋より撮影
2012年1月6日撮影

[2] 改修工事中の同地点。写真奥（上流）の方から川幅を拡げている
2012年5月12日撮影

[3]改修工事がほぼ終わり川幅が約20m(矢印部分）拡がった同地点
2013年2月23日撮影

[4] 改修工事がほぼ終わり川幅が拡がった同地点
2013年5月22日撮影

を進めるために、堤防工事が放置されていたとしか考えられません。

　このことは、洪水を防ぐには、ダムより河川改修が必要だと言うことを、国土交通省が自ら認めた結果ではないでしょうか。

③明午橋〜大甲橋

【洪水時の状況】 右岸（メルパルク側）の堤防は完成していましたが、堤防上端から約三〇センチメートル下まで増水しました。その理由は、左岸（白川小学校側）で行われていた二〇メートルほど川幅を広げる工事が未完成であり、大甲橋周辺の川幅がまだ広がっていなかった分、洪水水位を押し上げたからです。

左岸（新屋敷）側の堤防は完成したが明午橋で川幅が30m以上狭くなっている
2014年1月4日撮影

藤崎宮裏手（右岸）の仮堤防
2013年5月22日撮影

【現状】 洪水後、左岸（白川小学校側）の改修も急ピッチで行われ、川幅が二〇メートルほど広くなり、白川の流下能力も増えました。これで右岸左岸ともに堤防上端から十分な余裕をもって洪水を流せます。

④子飼橋～明午橋

【洪水時の状況】 右岸（藤崎宮側）では堤防工事が未完成の箇所から浸水し、藤崎宮や周辺の住宅が浸水被害を受けました。左岸（新屋敷側）は、堤防上端から約三〇センチメートル下まで増水しました。その理由は、架け替え予定の明午橋の左岸側で川幅が三〇メートル以上狭くなっており、洪水水位を押し上げたからです。

【現状】 右岸（藤崎宮側）の仮堤防工事が翌年の雨季を迎えるまでに完成しました。現在、以前より約二メートル高い堤防の工事が進められています。今後、明午橋の架け替えで川幅が広がり白川の流下能力が増えれば、右岸左岸ともに堤防上端から十分な余裕をもって洪水を流せます。

⑤竜神橋～子飼橋

【洪水時の状況】 右岸（熊本大学側）は堤防がほぼ完成していたため、

堤防工事中の小磧橋の下流左岸
2014年1月4日撮影

竜神橋左岸下流の仮堤防
2013年5月22日撮影

堤防上端から二メートル以上の余裕がありました。左岸（江南病院側）の堤防もほぼ完成していたのですが、竜神橋左岸から下流約一〇〇メートルの範囲が、橋梁架け替えのために堤防が設置されておらず、そこから洪水が住宅地へ流れ込み、多くの住宅が浸水しました。また子飼橋の架け替え工事のために、子飼橋左岸の上流部の堤防が未設置の箇所ではあと約三〇センチメートルで越水するところでした。

【現状】堤防が未設置の竜神橋左岸は、翌年の雨季までに仮堤防が完成しました。今後、川幅が狭くなっている竜神橋の架け替えが早急に必要です。竜神橋と子飼橋の架け替えが終わり、堤防がつながれば、右岸左岸ともに堤防上端から十分な余裕をもって洪水を流せます。

⑥小磧橋〜竜神橋

【洪水時の状況】両岸ともに堤防が未完成でした。小磧橋の下流右岸（黒髪六丁目）で住宅が浸水し、県道３３７号線（旧国道57号線）も浸水して通行止めとなりました。小磧橋の下流左岸（西原校区、託麻原校区）も住宅が浸水しました。

【現状】翌年の雨季までに仮堤防が完成し、現在本堤防工事が行われています。この区間は築堤だけでなく、河道に大量の土砂がたまっている渡鹿堰周辺の河床のしゅんせつも必要です。

3　熊本県管理区間（小磧橋～菊陽町・大津町）の洪水時の状況と提案

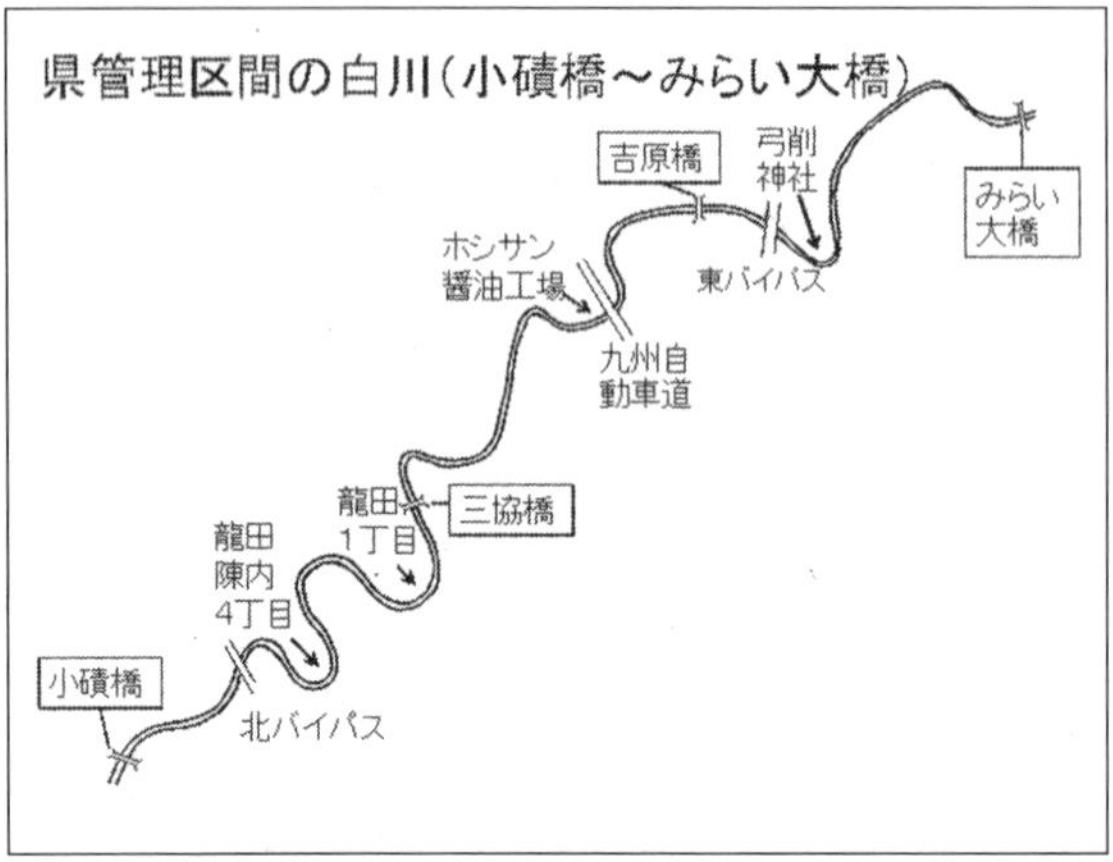

熊本県管理区間（小磧橋から上流）では河川改修がほとんど手つかずであったことから、大きな浸水被害を受けました。洪水から三か月後の一〇月、熊本県は小磧橋からみらい大橋までの区間の新たな河川改修計画（以下「新計画」と表記）を発表しました。その中で熊本県は、「①掘込河道の考え方を基本とし、洪水水面を宅地地盤より低くする。②将来計画（流下能力毎秒三〇〇〇トン）を見据えて用地買収を進める」と説明しました。そのため、毎秒二〇〇〇トンを目標とした計画としては拡幅の規模が非常に大きくなっています。

その後も住民の要望により熊本県は説明会を継続して行い、二〇一三年五月には住民が求めていた資料（白川の流下能力算定表や二〇〇メートル毎の河道断面図等）も公表されました。この「新計画」は、全体的には高く評価できるものですが、以下5点については十分な検討が必要だと考えます。

①対象区間の白川は蛇行を繰り返しています。とくに左岸側（龍

田陳内四丁目、龍田一丁目、高速道路橋下流、弓削神社など）では、流れが段丘に衝突して向きを変えており、これが洪水のエネルギーを消費させ、下流の被害を低減する効果を持っています。その特性を今後も維持するのが適切です。

②限られた時間（概ね五年間）とコストの中で事業を実施するのであれば、掘削土量をできるだけ少なくする工夫が必要です。

③洪水水位が宅地等の地盤高以下にならない地点では、宅地等のかさ上げも検討すべきです。

④コンクリートで固めた無機質な護岸ではなく、白川の岩石を利用し植栽を施すなど親水性の高い護岸を多くし、川の中も瀬と淵のことを考えた、これからも漁業のできる自然度の高い川をつくるべきです。

⑤計画の策定に際しては住民の意見を反映するようにし、反映できない場合は徹底的に説明責任を果たすべきです。

堤防工事中の小磧橋の上流左岸
2014年1月4日撮影

①小磧橋～北バイパス橋

【洪水時の状況】両岸ともに浸水しました。

【提案】堤防工事や河道掘削工事が始まりました。「新計画」で概ね妥当であると思われます。

②龍田陳内四丁目（リバーサイドニュータウン）周辺

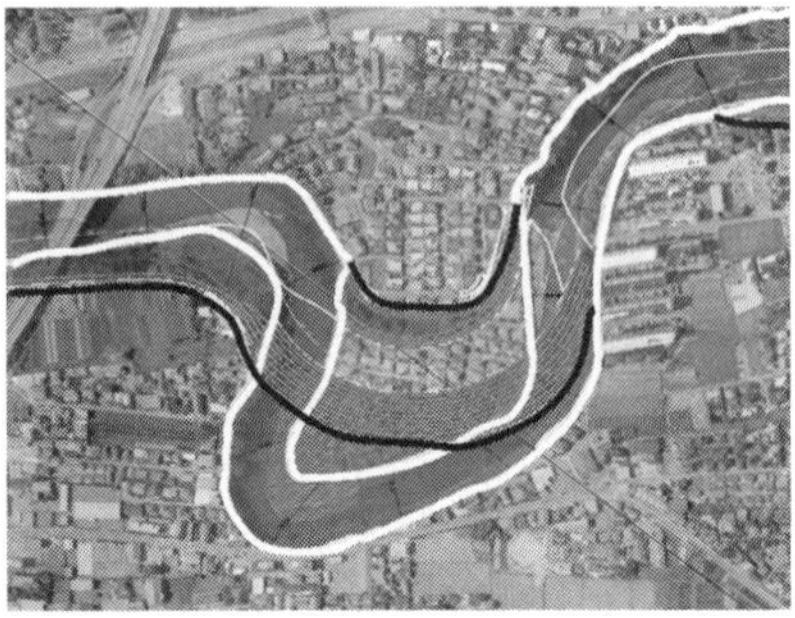

熊本県による新計画(龍田陳内4丁目周辺)。現河道（白線）をショートカット（黒線）させ、現河道を埋めてしまう計画

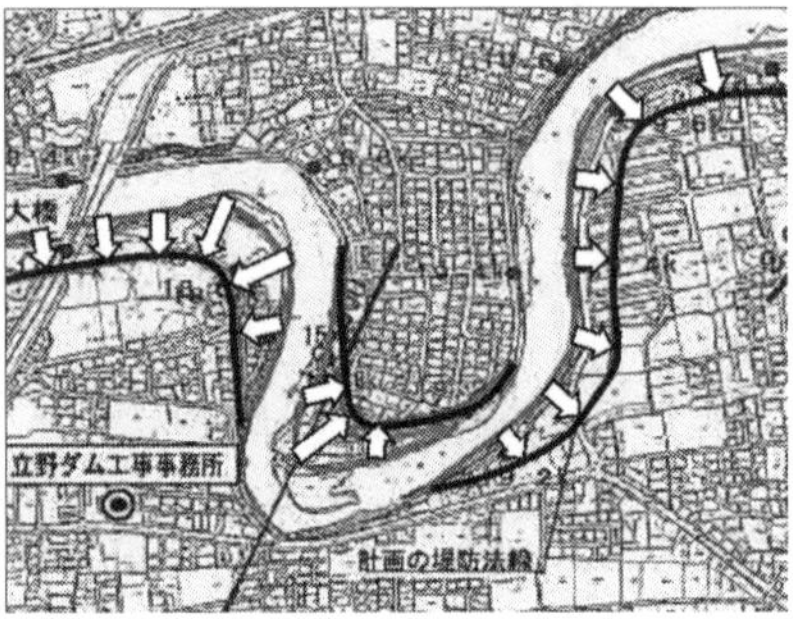

平成14年の河川整備計画（龍田陳内4丁目周辺)。白川を黒線まで広げる計画だった

ヘリコプターで救助される住民（龍田陳内4丁目）
2012年7月12日　毎日新聞ホームページより

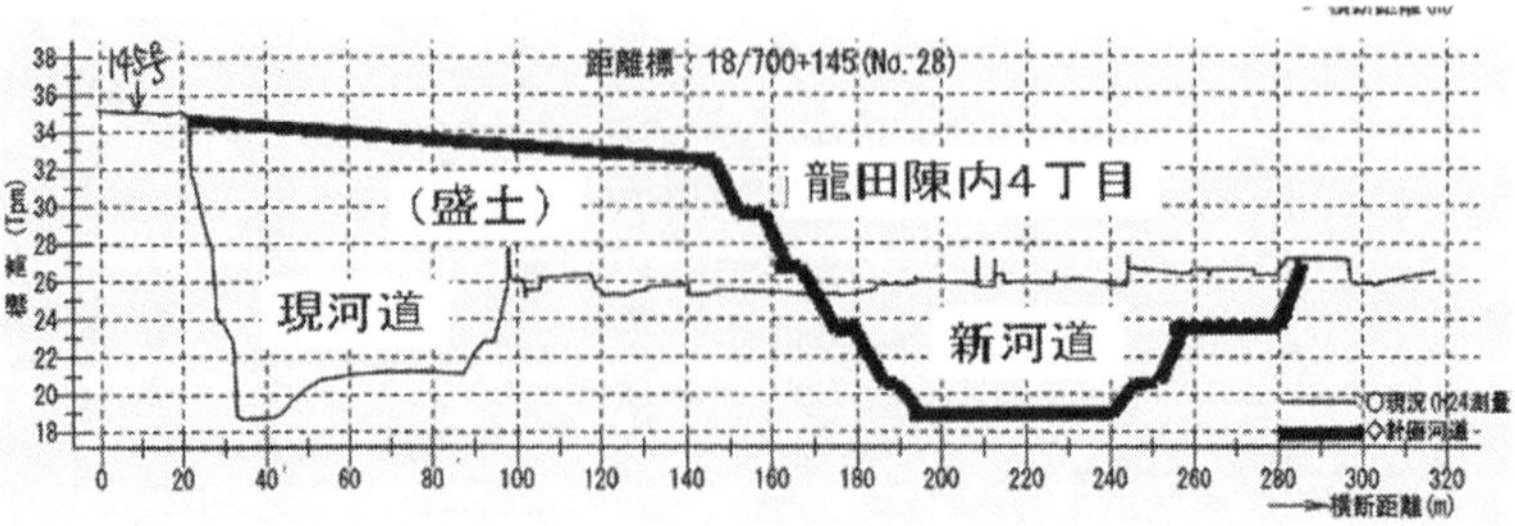

熊本県による新計画。龍田陳内4丁目の上流から見た白川の横断面図（太線が新河道)。白川を右岸側にショートカットさせ、現河道を埋めてしまう計画

【洪水時の状況】七月一二日明け方から浸水。一一七棟が全半壊、二八棟が床上床下浸水。避難勧告も遅れ、多くの住民がヘリコプターで救助されました。

【提案】左岸側の段丘（河口から一九キロメートル付近）に衝突して白川は流れの向きを変えており、洪水のエネルギーを消費させ、下流の被害を低減する効果を持っています。その特性を維持するのが適切です。

「新計画」では現河道を埋め、白川をショートカットさせることになっています。現河道は、白川が長年浸食をして形成されたものです。現河道を埋めてしまうのは、改修により大量に出る土砂の処分に困っての苦肉の策であると思われますが、それならば用地買収後の右岸側河川敷を工事期間中の土砂の仮置き場として利用する手段も考えられます。

「新計画」のようにショートカット後の左岸側に土砂を積み上げておけば、洪水がもろにぶつかり、護岸は浸食され、大量の土砂が下流に流下し、河床を押し上げ、下流を氾濫させる危険もあります。地震の際は液状化現象により崩壊する可能性もあり、そのようなことになれば河道は埋まり、大変なことになります。

本来、龍田陳内四丁目は白川の河原だった地区であり、宅地造成を許可したことに誤りがあります。「新計画」通り用地買収を進め、二〇〇二（平成一四）年の河川整備計画に準じた、右岸側拡幅を強化した整備を進めるべきです。

浸水した右岸（龍田１丁目）よりも左岸（上南部１丁目）の方が地盤がはるかに高い
2013年6月2日撮影

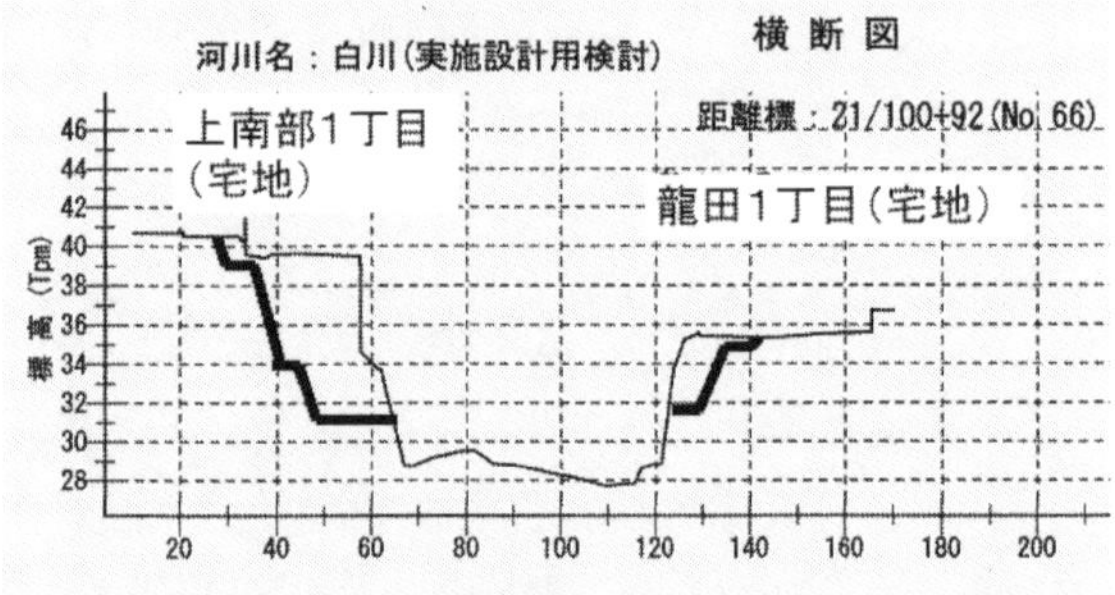

熊本県による新計画。三協橋の上流から見た白川の横断面図（太線が新河道）。左岸の段丘を高さ約10m拡幅する計画だが、右岸を拡幅したほうが掘削土量も少なくてすむ

③三協橋・龍田一丁目周辺

【洪水時の状況】右岸の龍田一丁目では全半壊五九棟、床上床下浸水二五二棟の被害を受けました。

【提案】「新計画」では、三協橋下流で浸水していない左岸の段丘（上南部一丁目）を高さ一〇メートル掘削し、左岸側に三〇メートル拡幅する計画です。多数の住宅の移転と、大量の掘削土量を伴う計画です。左にカーブしている三協橋周辺の白川の形状を考えても、三協橋の下流は浸水した右岸側（龍田一丁目）を拡げる拡幅を行うべきです。

④高速道路橋下流周辺

【洪水時の状況】ホシサン工場下流の二三・二キロメートル右岸周辺の住宅地が浸水しました。

高速道路橋下流の白川。地盤が低い右岸（ホシサン工場）側が浸水した
2013 年６月２日撮影

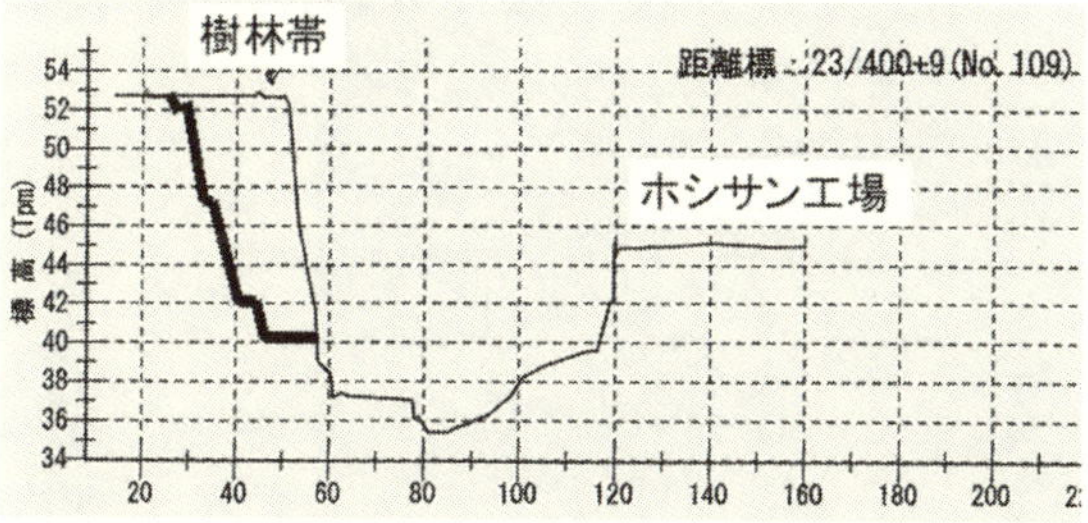

熊本県による新計画。高速道路橋から見た白川の横断面図（太線が新河道）。浸水したホシサン工場側（右岸）ではなく左岸の段丘を高さ約 13m 拡幅する計画だが、右岸を拡幅したほうが掘削土量も少なくてすむ

【提案】「新計画」では浸水した右岸（ホシサン工場）側には手をつけずに、左岸側の段丘を掘削することになっています。左岸側の段丘（河口から二三・四キロメートル付近）に洪水がぶつかることにより、洪水のエネルギーを消費させ下流の水害被害を低減させています。この段丘は貴重な樹林帯となっており、野鳥の楽園にもなっています。左岸の段丘を掘削すれば軟弱な地盤が露出し、洪水時に浸食され、大量の土砂が下流に流下し河床を押し上げ、下流を氾濫させる危険もあります。

この区間は、平成一四年の河川整備計画に準じた右岸側拡幅を進めるべきです。

⑤吉原橋周辺

【洪水時の状況】両岸ともに浸水し、多数の住宅が浸水しました。

氾濫したはなぐり大橋上流（菊陽町）。川幅の３～４倍もあふれている
2012 年 7 月 22 日撮影

浸水し舗装もはがれた弓削神社彎曲部下流の左岸（熊本市石原３丁目）
2012 年 7 月 22 日撮影

災害復旧工事（菊陽町）。こわれた護岸を修復するだけで、川幅を拡げる工事はなされていない
2013 年 8 月 8 日撮影

【提案】「新計画」で概ね妥当であると思われますが、この地区には「新計画」に不安をもつ住民も多いので、十分な説明が求められます。

⑥弓削神社周辺

【洪水時の状況】弓削神社周辺が白川で最も急な弯曲部となっており、両岸とも浸水しました。

【提案】改修後の左岸側の堤防高流下能力が毎秒二〇四四トンと左岸では最も低く、左岸のゴルフ練習場周辺の地盤高はさらに低くなっているので、嵩上げが必要です。地元石原地区自治会からも大幅な「計画見直し」の要求が出されています。

⑦菊陽町・大津町

【洪水時の状況】河道の断面積（川の幅×深さ）が小さいため、多くの箇所で越水。多くの住宅や農地が浸水し、古い護岸も多くの箇所で壊れました。

【提案】大津町と菊陽町の白川中流域では河川整備計画が策定されておらず、二〇一二年七月洪水と同規模の洪水が来れば再びあふれてしまうことは明らかです。河道の流下能力を高めるには川幅を拡げることが不可欠です。まずは河川整備計画の策定が必要です。

4　熊本県管理区間（阿蘇カルデラ内）の洪水時の状況と提案

黒川の氾濫で土砂に埋まった水田（阿蘇市山田）
2012年7月25日撮影

①黒川流域

【洪水時の状況】阿蘇市では黒川が至る所で氾濫し、一八七四戸が床上・床下浸水。多くの農地も浸水しました。特に改修が未着手の内牧より上流では河道の断面積が非常に小さいため、ほとんど越水している状態で甚大な被害を受けました。

【提案】河道掘削、遊水地の設置、集落を堤防で囲む輪中堤、宅地かさ上げなどの黒川の治水事業は、国の河川激甚災害対策特別緊急事業（激特）の指定を受け、河川管理者である県が約二〇〇億円を投じ、約五年間で実施するとのことです。遊水地の設置とともに農地や山林を保全し、できるだけ雨水の河川への流出を抑制する必要があります。

②阿蘇地区の山林、草原

【洪水時の状況】二〇一二年七月洪水で阿蘇市を中心に多くの方々が

間伐などの手入れが行き届いて地面まで日光が差し込み、下草が生い茂った健全な人工林（球磨郡球磨村神瀬）
2002 年 11 月 25 日撮影

間伐されていない杉が大量に倒れていた土砂災害現場（阿蘇市坂梨）
2012 年 7 月 25 日撮影

亡くなられましたが、いずれも土砂災害が原因です。土砂災害の現場となった山林の多くは、間伐がなされていない荒れた放置人工林でした。スギやヒノキの放置人工林では、一本一本の木が「もやし」のようにひ弱で、木の根が土をつかむ力も弱く、土砂災害を引き起こす一因となっています。山林から流出した木の多くは岩石等とともに川に流れ込み、橋や堰などに引っかかり、流れをせき止め、被害を拡大させました。熊本県の調べで、阿蘇地区では四二六カ所の山林や草原が崩れました。

【提案】土砂災害の要因となっている荒れた放置人工林の間伐を進め、山林の保水力を高める必要があります。間伐が適正に行われた人工林では下草や下層木（広葉樹）が茂り、根をはり、植林木も根を深く張って、しっかりと土地をつかむことができます。また、草原の保全を進めることも土砂災害の防止につながります。

第3章　立野ダムは流域を危険にさらす

1　立野ダムが洪水調節不能になる問題

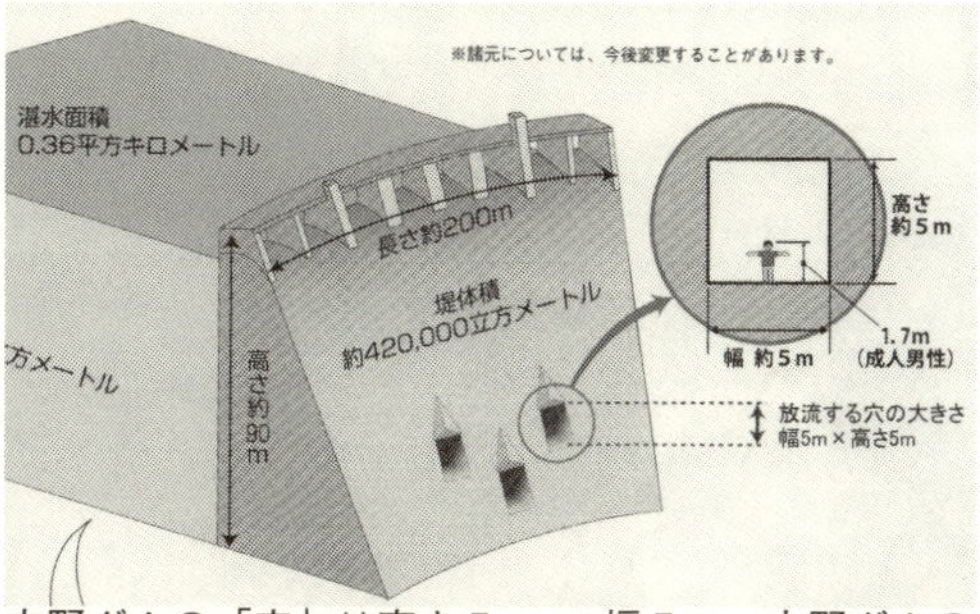

立野ダムの「穴」は高さ５ｍ×幅５ｍ。立野ダムの上部にはダムが満水になった時のための非常放水用の８つの大きな穴が開いている
（国土交通省資料より）

【国土交通省の見解】平成二四年七月洪水において、仮に立野ダムが完成していた場合の水位低減効果を推算すると、国管理区間の平均で約四〇センチメートル、県管理区間の平均で約六〇センチメートルとなります。

【住民側の見解】国土交通省が主張する立野ダムの水位低減効果は、H-Q式に基づく机上の計算でしかありません。

洪水時に立野ダム下部の穴（高さ五メートル×幅五メートル）が流木などでふさがることは明らかです。その場合、立野ダムは洪水調節不能となります。穴が流木でふさがれば、二〇一二（平成二四）年七月洪水の場合、立野ダムは約一時間で満水となります。満水となれば、立野ダム上部に開いた非常放水用の八つの大きな穴から洪水があふれ、下流の白川の水位は一気に上がります。立野ダムは洪水調節をするどころか、洪水被害を拡大します。

2　立野ダムの穴がふさがる問題

現在撤去工事中の球磨川の荒瀬ダムは、洪水時に流木などを引っかかりにくくするために、建設工事中に水門（ゲート）の間隔を当初の一〇メートルから一五メートルに広げています。「穴あきダム」である立野ダムにはゲートがない代わりに、ダムの下部に一辺が五メートルの三つの「穴」があいています。ゲート幅一〇メートルで流木が引っかかるので、幅五メートルの立野ダムの穴が流木でふさがるのは明らかです。

荒瀬ダムは写真右側から作りはじめ、ゲート間隔10ｍでは洪水時に流木が引っかかったため、途中からゲート間隔15ｍと変更された

【国土交通省の見解】立野ダムの放流する穴は、大きさが約五メートル×五メートルのものが現在の川と同じ高さに一箇所、それより高い位置に二箇所の計三箇所に設置します。この放流する穴が流木や巨石等によって塞がらないようにするための対策として、ダム上流に流木等捕捉施設を設けるほか、放流する穴にスクリーンを設置します。これにより、洪水初期で水位が低い時は流木等捕捉施設で流木や巨石を捕捉し、水位が流木等捕捉施設を越える場合はスクリーンにより流木を捕捉することになります。

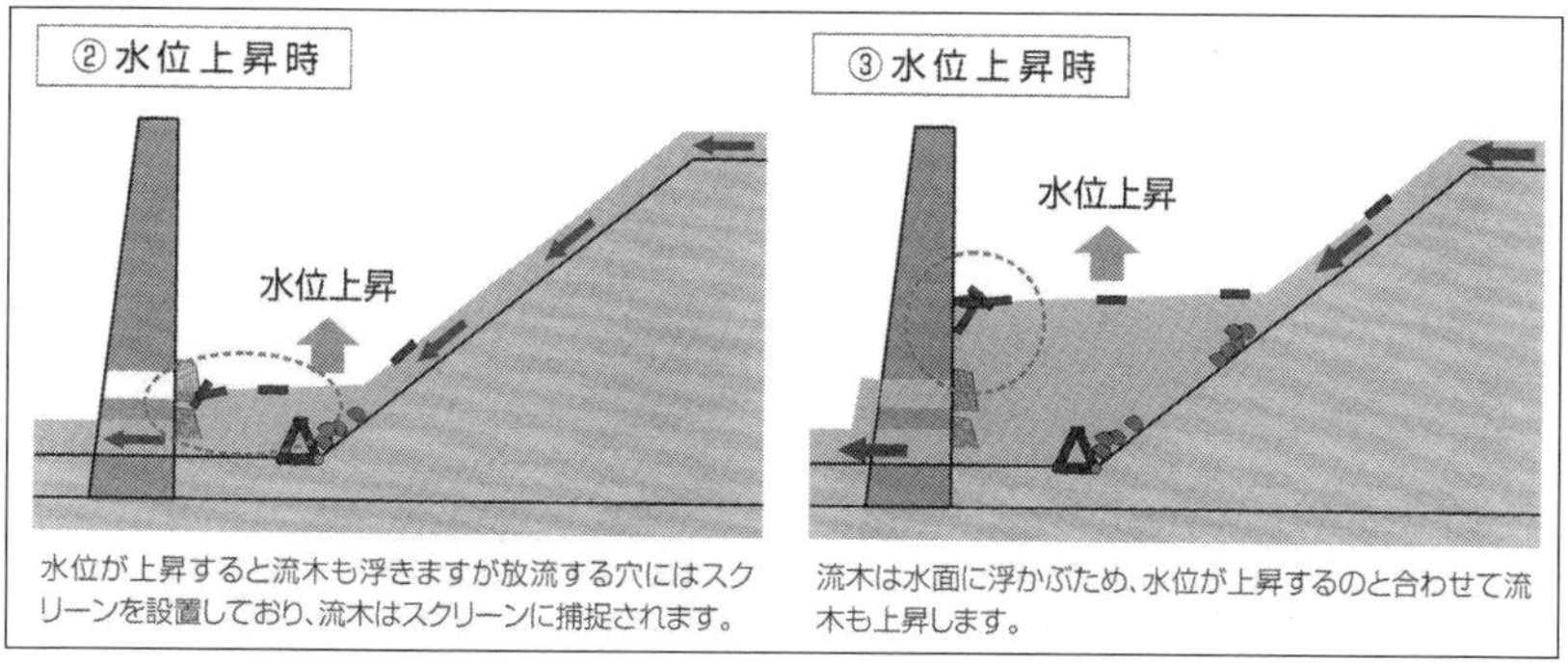
②水位上昇時
水位上昇
水位が上昇すると流木も浮きますが放流する穴にはスクリーンを設置しており、流木はスクリーンに捕捉されます。
③水位上昇時
水位上昇
流木は水面に浮かぶため、水位が上昇するのと合わせて流木も上昇します。

国土交通省「立野ダム事業概要」より

スクリーンに捕捉された流木についても水位の上昇に伴い、浮き上がります。その後、貯水位の低下とともに流木も下がってきますが、スクリーンを設置しているため、流木が捕捉されます。洪水が終わり、通常の状態に戻った後に、支障となる流木や巨石等を撤去し、次の洪水に備えることになります。また、スクリーンに捕捉された流木は、放流孔付近の流速が速いため、水位が上昇しても浮き上がることは無いのではという指摘もありますが、放流孔の一番狭い箇所（五メートル×五メートル）に比べてスクリーン全体の面積は約二〇倍と大きくなっています。そのため、スクリーン部の流速は遅くなり流木でスクリーンが塞がることは無いと考えています。

【住民側の見解】国土交通省は流木対策として立野ダムの穴（高さ五メートル×幅五メートル）の上流部にスクリーンを設置し、立野ダムの上流に高さ五メートルのスリットダム（流木等捕捉施設）を作るとしています。しかし、大量の流木がひっきりなしに流れる洪水時の白川の状況を考えると、そのようなものはたちまち流木や岩石等でふさがってしまうと容易に想像できます。穴がふさがれば、立野ダムは洪水調節不能の危険な状態となり、二〇一二年七月洪水の最大流量ならば約一時間で満水となります。洪水時、立野ダムは機能しないどころ

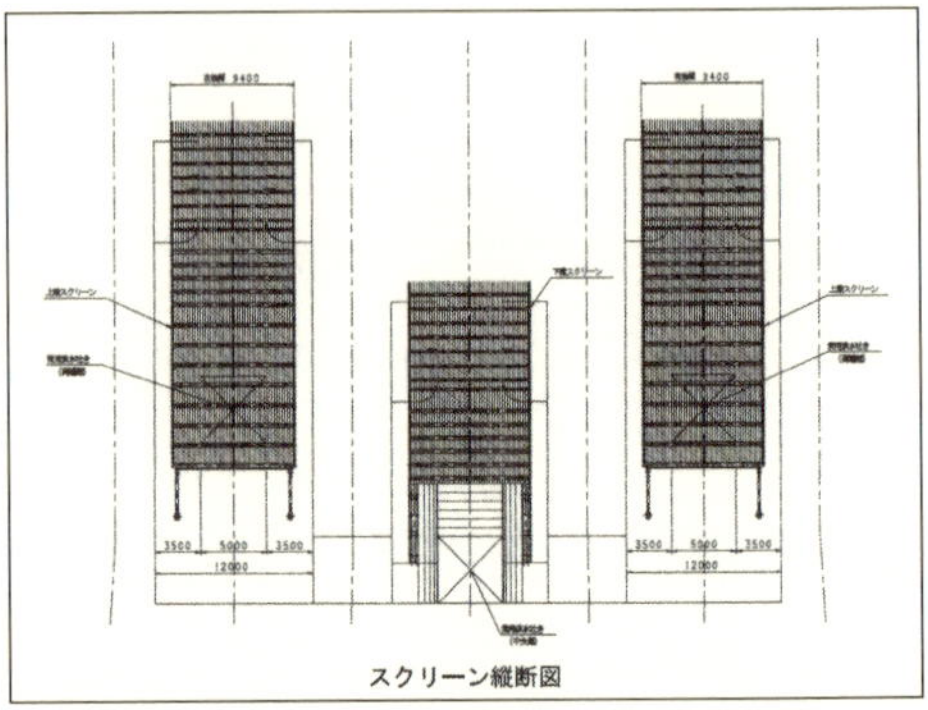

立野ダムの３つの穴（5m×5m）の上流側を覆うスクリーン
（国土交通省資料より）

2012 年 7 月洪水で、流木でふさがった下井手取水堰（大津町）
2012 年 7 月 15 日撮影

か、大きな災害源となります。

立野ダムの穴の上流側に設置されるスクリーンのすき間はわずか二〇センチメートルです。スクリーンにはりついた流木を穴が吸い込む力は、流木の浮力よりもはるかに大きいのは明らかです。また、洪水時の流木は大小さまざまな大きさがあるのは当然です。それがスクリーンにはりつけば、ダム湖の水位が上がるとともに流木が浮き上がるなどということはあり得ません。

二〇一二年七月洪水で、どの程度の流木が立野ダム予定地を通過したのかさえ、国交省は全く把握していません。二〇一二年の立野ダム事業検証で、国土交通省は「流木対策として放流設備の呑口部にスクリーンを設置する施設計画としており、洪水後、スクリーン周辺に堆積した流木は撤去することとしています」と述べており、流木が浮くなどとは全く述べていません。流木が堆積することを以前は認めていたわけであり、国土交通省の見解は極めて無責任です。

3　立野ダム予定地周辺の断層の問題

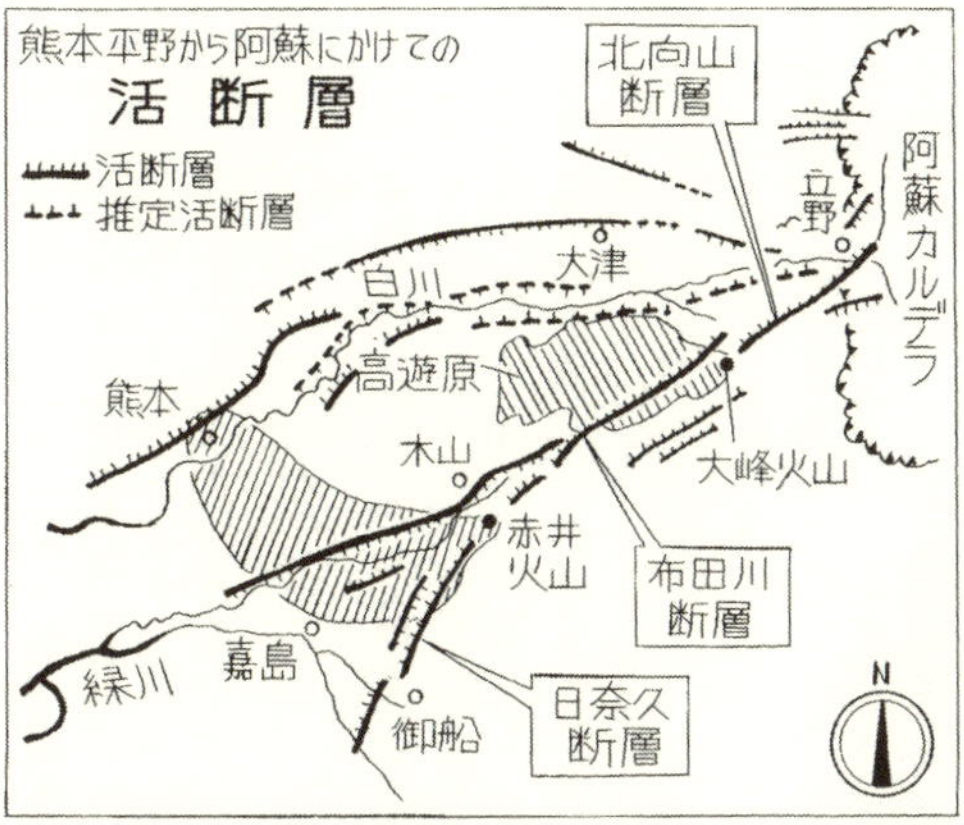
熊本平野から阿蘇にかけての
活断層
活断層
推定活断層
北向山断層
阿蘇カルデラ
立野
大津
白川
高遊原
熊本
木山
大峰火山
赤井火山
布田川断層
嘉島
緑川
御船
日奈久断層
N
立野火口瀬一帯には断層が数多く集中している
「新・阿蘇学」（熊本日日新聞）

【国土交通省の見解】一般に、断層活動によって生じる地盤変異はダム築造上支障となるため、ダム敷き及びその近傍に支障となる活断層が分布していないことを確認した上でダムの建設を計画します。立野ダムにおいても、文献調査や地形調査、地表地質踏査などの結果を総合的に勘案して、ダム建設を行う上で特に考慮する活断層は存在しないと判断しています。なお、ダムサイトに一番近い北向山断層は、布田川・日奈久断層帯の中で最も北東部に位置する断層ですが、文献調査及び現地調査の結果、その走向性は立野ダム建設予定地近傍へ向かわないことを確認しています。

【住民側の見解】阿蘇カルデラは、太古の昔はカルデラ湖であったといわれます。なぜ立野火口瀬でカルデラ（外輪山）が切れて白川となったかということを考えると、外輪山の中で最も地盤が弱かったからだと考えられます。そのようなカルデラの切れ目にダムをつくるのは、専門家でなくとも危険を感じます。立野火口瀬のすぐ南（ダムの左岸側）には、北向山断層と呼ばれる落差二〇〇メートルもの北落ちの正断層があります。立野火口瀬一帯には、東西方向の断層や活断層が数多く集中しており、「走向性が向かわない」などと断言するのは科学的ではありません。

また、北向山断層は、国内でも地震発生確率の高い活断層である「布田川断層帯」の一部です。北向山林道を通り、立野ダム本体予定地左岸の地盤を見ると、多くの崩壊箇所が見られ、車両は通行できません。

調査イメージ

ボーリング調査や横坑（トンネル）を掘って地質の状況を確認しています。

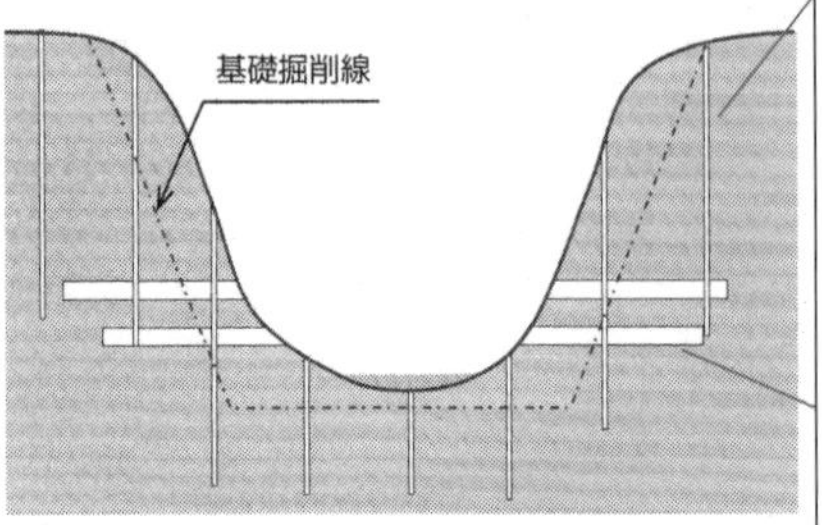

ダムの基礎として期待できない表面部分については掘削で除去して堅固な岩盤としたうえでダムを造ります。

国土交通省「立野ダム事業概要」より

4　立野ダム予定地周辺の地盤の問題

【国土交通省の見解】立野ダム建設予定地では、地表の地質を確認する他、目で見ることができない地中については、ボーリング調査（二四二本、総延長約二万メートル）を実施したり、横坑（トンネル：九坑、約七七〇メートル）を掘って地質を確認するとともに、岩盤の強さを確認するための岩盤試験等を行い、地盤の状況を十分に把握しております。調査結果に基づき、建設予定地でのダムの安定性について検討を行った結果、基礎

地質調査用トンネル壁面をハンマーでたたかせ「割れないから安全だ」と説明する国土交通省
2013年11月21日撮影

ダム本体予定地右岸側は柱状節理と板状節理が交互に堆積している
2014年4月19日撮影

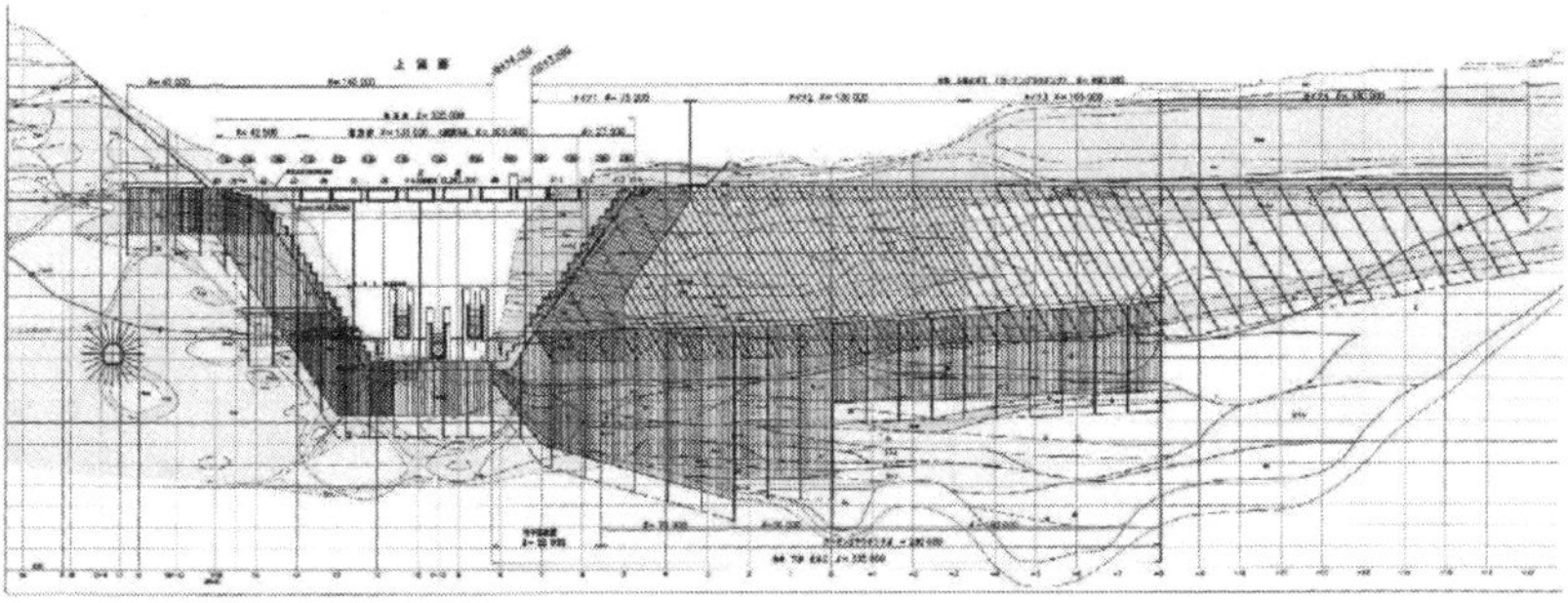

グラウチング（セメントミルク注入）をする範囲をダム上流側から見た図
（国土交通省平成21年度立野ダム基礎資料整理業務6-24ページ）

岩盤は十分な強度を有していることから重力式コンクリートダム型式としています。

今後、基礎岩盤の試験結果等を踏まえ、「河川管理施設等構造令」等の技術基準に基づき十分な安全性を確保した詳細な設計を行っていきます。なお、地表付近の岩盤の風化部分やゆるみ部分については基礎掘削により取り除き、堅固な岩盤を露出させたうえで堤体コンクリートを打設します。

【住民側の見解】立野ダム予定地右岸は、阿蘇カルデラ内の火山から流下してきた立野溶岩で、冷却によって生じた角材状の割れ目（柱状節理）が多く見られます。

国土交通省資料（平成二一年度立

野ダム基礎資料整理業務報告書）によると、ダム本体右岸部では深部においても高透水ゾーンが分布しており、大規模なグラウチング（セメントミルクの注入）が行われることになっています。このことからもダム本体予定地の岩盤に割れ目が多くみられ、危険であることが分かります。

ダム本体予定地の右岸側は、柱状節理と板状節理の溶岩が何層にも堆積し、不連続面が六つ以上目視できます。そこに掘ってある地質調査用のトンネルに国土交通省は地元議員等を案内し、地盤をハンマーでたたかせ「割れないから安全だ」と説明しています。

一方、ダム本体予定地左岸は、右岸側と全く違う先阿蘇火山岩類による地盤です。今後、阿蘇の火山活動が活発になり、ダムの右岸と左岸で地盤が違う動きをすることも十分考えられます。そのような場合、ダム本体とまわりの地盤の間にすき間が生じ、最悪の場合、ダムの崩壊へとつながります。

5　立野ダム予定地周辺の地すべりの問題

【国土交通省の見解】一般に、ダム貯水池周辺での湛水に伴う地すべりについては全国共通の技術指針である「貯水池周辺の地すべり調査と対策に関する技術指針（案）」に基づき調査及び対策の検討を行っており、立野ダムの貯水池周辺の調査についても同様の考え方で実施しています。立野ダム貯水池周辺について、地形判読を行った結果、洪水調節により流水を貯留する際の最高水位であるサーチャージ水位（EL.276m）以下に水没し、かつ凹状の緩斜面地形などの地すべり

の存在を示すような地形の分布は認められませんでした。ただし、層厚がやや厚いと推定される崖錐斜面が六箇所抽出されました。概査によって抽出した崖錐斜面については、今後精査を行うこととしており、必要に応じて地形状況等を考慮し対策工を実施する予定です。

【住民側の見解】二〇一二年七月洪水で、立野ダム予定地周辺には多くの地すべりや斜面崩壊が発生しました。特に、旧戸下温泉周辺では旧道が多くの箇所で崩落し、通行不能となりました。

ダムができた場合、ダム湖周辺には地すべりがさらに多く発生します。これは洪水時にダム湖の水位が上昇することにより、ダム湖周辺

2012年7月洪水による地すべりで、長陽大橋下の旧道も崩落した
2012年7月29日撮影

の斜面の地盤の間隙水圧（地下水位）が上昇するために崩壊が発生するためです。立野ダム予定地のように多数の断層が集中し、割れ目だらけの地盤では、洪水時ダム湖の水位が上昇しているときに地すべりや斜面崩壊が非常に起きやすくなります。洪水でダム湖が満水となった時に地すべりが起きれば、津波のような濁流が下流を襲うことになるでしょう。最悪の場合の大津町、菊陽町、熊本市の惨状を思うと、身の震える思いがします。

6　立野ダムが土砂に埋まる問題

【国土交通省の見解】立野ダムでは、高さ五メートル×幅五メートルの放流する穴を三つ設けて

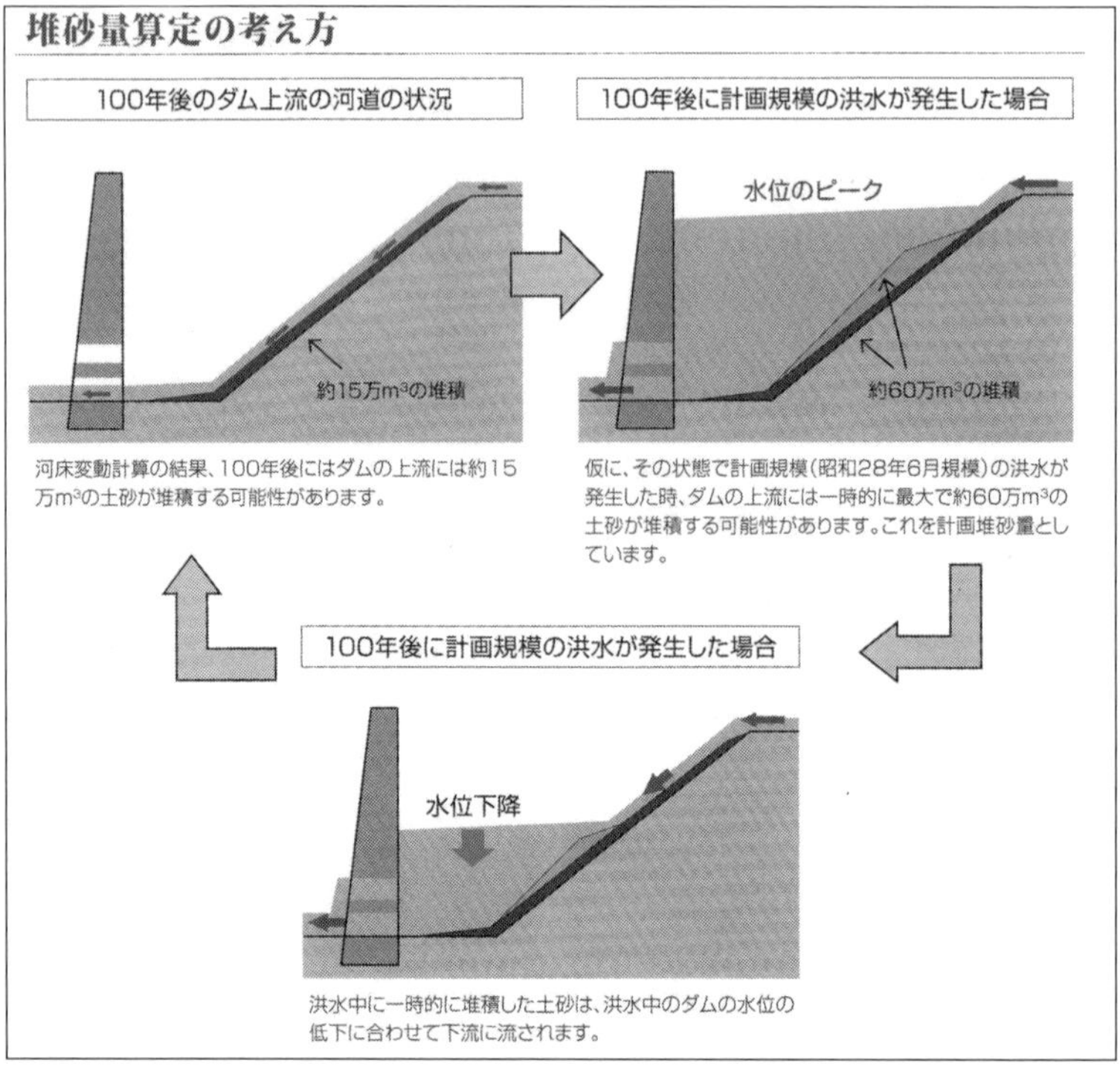
堆砂量算定の考え方
100年後のダム上流の河道の状況
100年後に計画規模の洪水が発生した場合
約15万m³の堆積
水位のピーク
約60万m³の堆積
河床変動計算の結果、100年後にはダムの上流には約15万m³の土砂が堆積する可能性があります。
仮に、その状態で計画規模（昭和28年6月規模）の洪水が発生した時、ダムの上流には一時的に最大で約60万m³の土砂が堆積する可能性があります。これを計画堆砂量としています。
100年後に計画規模の洪水が発生した場合
水位下降
洪水中に一時的に堆積した土砂は、洪水中のダムの水位の低下に合わせて下流に流されます。

国土交通省「立野ダム事業概要」より

おり、そのうちの一つを、現在の河床と同じ高さに設置するため、普段は通常の川と同じ状態で流れます。洪水時には一時的にダムに土砂が堆積（最大で約六〇万立方メートル）しますが、その後のダムの水位の低下とともに堆積した土砂は下流へと流れるため、ダムが土砂で埋まり、洪水調節機能を発揮しなくなるようなことはありません。

【住民側の見解】洪水時の白川の水は多くの火山灰（ヨナ）とともに、多量の岩石や流木等を含みます。阿蘇カルデラ内の岩石や流木、土砂、火山灰などが全て立野ダム予定地に集中します。それら大量の岩石や流木、土砂、火山灰が、立野ダムの下部に設置される三つの穴（高さ五メートル×幅五メートル）を通り下流へ流れていくことは、どう考えても不可能です。しかも、ダムの穴の上流側は、スクリーンで覆われているのです（38ページ参照）。

二〇一二年七月洪水後、大津町から熊本市にかけての白川の河床には、大量の岩石や土砂、火山灰が堆積しました。立野ダムが完成していれば、そしてダムの穴（高さ五メートル×幅五メートル）がふさがれば、それらは全てダム上流部にたまるのは明らかです。

一九五三（昭和二八）年六月二六日水害では、立野ダムの総貯水量の約三倍の二八四七万立方メートルもの土砂や火山灰が熊本市と白川水系沿岸の水田などに堆積しています（熊本県災害救助隊本部調べ。熊本日日新聞、一九五三年七月六日）。にもかかわらず、同洪水が起きても立野ダムには六〇万立方メートルの土砂しかたまらないという国土交通省の説明は、全く科学的ではありません。

第4章　世界の阿蘇に立野ダムはいらない！

1　立野ダムの環境に与える影響

【国土交通省の見解】立野ダム建設予定地周辺は「阿蘇くじゅう国立公園」内に位置しており、自然環境豊かな地域であります。このため、できるだけ良好な環境の保全を図りつつ、ダム事業を実施することは重要であり、地域の豊かな自然環境と共生したダムづくりを目指して、有識者からなる「立野ダム環境保全検討委員会」を設立し、環境影響の予測や回避・低減等の検討を行っています。

阿蘇北向谷原始林については、洪水時に一時的に立野ダムの水位が上がり、その一部が水に浸かりますが、原始林が水に浸かる時間は昭和二八年六月洪水や平成二四年七月洪水でも、最大で一日以下と短いため、阿蘇北向谷原始林の植物（木本類、草本類）の生育状況に与える影響は小さいと考えています。また、立野ダム完成前にダム本体や貯水池周辺などの安全性を確認するために試験的に水を貯めますが、水を貯める期間を短くするとともに、動植物の専門家の指導によって動物のねぐらを移したり、植物を移植したり、苗木を植えて植生を早く回復させるなどの

立野ダム本体予定地を上流から見た写真。ダム本体工事などは全く未着手
2014年4月19日撮影

立野ダム予定地現地調査。北向谷原始林をバックに
2013年5月18日撮影

対策を実施することにより、影響をできる限り小さくすることが可能と考えています。これまでも、自然環境や動植物への影響を極力小さくするように配慮しながら事業を実施しているところですが、今後とも自然環境や動植物への影響を極力小さくするよう努めて参ります。

【住民側の見解】立野ダム建設予定地は、現状変更行為が許されない阿蘇くじゅう国立公園の特別保護地区にあり、国の天然記念物である北向谷原始林の一部も水没します。

穴あきダムは「普段は水を貯めず、水没するのは洪水調節をする短い時間であるので、環境に与える影響は小さい」と国土交通省は主張しています。しかし、洪水時のダム湖の水は濁水であるために、水位が下がった後も植物や地面に泥や火山灰が付着し、植生などに大きな影響を与えます。ダム完成時には「試験湛水」が行われ、その時は半年間水没するので、北向谷原始林も水没部分の植生は完全に枯れてしまいます。

高さ九〇メートル、幅二〇〇メートルものコンクリートの巨大構造物は、周辺の植生や生物の生息環境を破壊します。立野ダム事業区域ではクマタカをはじめ、国や県が保護すべきと定めている重要種一七四種の動植物が生息し、ダム工事の影響で四二種もの生息地域や個体自体が消失するか、その恐れがあることが国土交通省の調査で分かっています。にもかかわらず、環境アセスメントすら実施されていません。「立野ダム環境保全検討委員会」は、二〇〇五年以降活動を行っていないようです。

2　立野ダムの濁水問題

【国土交通省の見解】立野ダム建設予定地付近の河床勾配は非常に急勾配であり流速が早いため、洪水末期（水位低下時）に濁りの原因となる細かい粒子の砂（火山灰等）はほとんど下流に流されてしまいます。また、立野ダム建設前後の水の濁りの変化について、シミュレーションを行った結果、年間で水質汚濁に係る環境基準の項目であるSS（浮遊物質量）が環境基準値を超える日数は、ダム建設前後を比較するとほぼ同程度となります。このため、ダム建設に伴う川の濁りの長期化は発生しないと考えています。

【住民側の見解】立野ダムは、洪水が終わった後も穴あきダムであるために、たまった土砂が露出し、今度はたまった土砂が流れ出し、長期間下流の白川を濁します。上井手や大井手をはじめ、大津町から熊本市にかけて、たくさんの「井手」が白川から取水されています。上井手の水は堀川、坪井川を通り、熊本城の前も

水位を落とした球磨川《くまがわ》上流の市房《いちふさ》ダム（熊本県球磨《くま》郡水上村《みずかみむら》）。たまった土砂が露出し、流れ出し、下流を濁している
2012年1月2日撮影

流れます。これらの水も長期間濁ってしまうことが考えられます。さらには、鮎などの魚族の生育を阻害し、有明海の海苔養殖への被害が起こることが懸念されます。

３　立野ダムの世界文化遺産登録・世界ジオパーク認定への影響

【国土交通省の見解】阿蘇世界文化遺産に関しては、平成一九年に「阿蘇――火山との共生とその文化的景観」の名称で世界文化遺産国内暫定一覧表へ追加すべき候補として、国内暫定一覧候補で最も評価が高い「カテゴリー１ａ」に位置づけられました。立野ダム計画があるなかで平成二一年に熊本県知事と立野ダム建設予定地である南阿蘇村を含む阿蘇郡市七市町村長で構成する「阿蘇世界文化遺産登録推進協議会」が設立され、世界文化遺産登録のための「国内暫定リスト」への登録を目指し、『「阿蘇」文化的景観調査検討委員会』にて阿蘇の「文化的景観」の価値、その保存活用策等について調査検討中です。

今後、委員会において文化的景観の具体的範囲について検討される予定であると熊本県から伺っております。なお、立野ダム建設事業の実施にあたっては、景観に関する専門家及び地元自治体である大津町、南阿蘇村も入った「立野ダム景観検討委員会」を設け、良好な景観の保全のための検討を行っていきます。

【住民側の見解】白川郷など、過去に世界文化遺産に認定された地域の取り組みを見てみると、地域一丸となって地元の景観や自然、文化などを守り、維持しなければならないことがよく理解

阿蘇ジオパークのポスター

できます。

「阿蘇を世界文化遺産に」の基本理念は、「火山と人との共生」です。阿蘇は、中央火口丘と外輪山で成り立っており、外輪山の一角である立野火口瀬が切れて、カルデラ湖の水が流れ下り、カルデラのなかで人々は耕し、生活を始めました。立野は「火山と人との共生」のルーツにあたるところであり、世界文化遺産の資産候補とされるべきところです。その立野に、高さ九〇メートルのコンクリートの巨大ダム建設などあり得ないことです。

世界遺産には、その「普遍的な価値」についての保護、保全の体制がどうかということが重視され、登録後も、世界遺産センターによる五年に一度の審査を受けることになります。その結果で登録の抹消もあり、ドイツのドレスデン・エルベ渓谷は橋が架けられたため、二〇〇九年に世界遺産リストから抹消された例があります。

ジオパークとは、地球科学的に見て重要な自然の遺産を含む、自然に親しむための「大地の公園」です。保全（地元の人たちによる大地の遺産の保全）、教育（教育に役立てる）、ジオツーリズム（地域の経済を持続的な形で活性化する）を合わせてめざすのがジオパークです。

二〇一三年九月、阿蘇地域が世界ジオパークに推薦されることになりました。阿蘇外輪山の唯一の切れ目である立野峡谷は、阿蘇ジオパークの重要なジオサイトの一つです。立野峡谷でカルデラが切れた原因は、峡谷を走っている断層や浸食によるものですが、これまでに何度か溶岩で埋まったことがあり、その時にはカルデラ内に湖が形成されました。

立野峡谷の右岸側に見られる、柱状節理（溶岩の冷却時にできた割れ目）が発達した立野溶岩には、溶岩と溶岩の間にいくつもの不連続面が見られ、阿蘇形成の歴史がここに凝縮されています。阿蘇の自然遺産や地質遺産を水没させる立野ダムは、世界文化遺産登録や世界ジオパーク認定を目指す阿蘇にとって絶対につくってはならないものです。

4　立野ダムの総事業費

【国土交通省の見解】平成二四年度迄実施済み額四二六・一億円。残事業四九〇・九億円。

【住民側の見解】立野ダムの総事業費は、当初予算（四二五億円）の二倍以上の九一七億円に膨れ上がりました。熊本県の負担額は九一七億円の三割、二七五億円（県民一人あたり約一万五〇〇〇円）にもなります。当初の事業費三五〇億円が中止時には三三〇〇億円にまで膨れ上がった川辺川ダムなどの例を考えると、さらに事業費が膨らむことが容易に考えられます。「小さく生んで大きく育てる」のが、巨大公共事業の事業費だと言われます。この財政難の中、許されることではありません。

総事業費がどこにも書いてない立野ダムのパンフレットの表紙
（国土交通省資料）

国土交通省の資料のどこにも、立野ダムの総事業費は書いてありません。ただ「立野ダム建設事業の検証に係る検討報告書」の表に「平成二四年度迄実施済み額四二六・一億円。残事業四九〇・九億円」と書いてあるだけです。

5　立野ダムの維持管理費

【国土交通省の見解】立野ダムの検証は、「今後の治水対策のあり方に関する有識者会議」がとりまとめた「中間とりまとめ」を踏まえ、国土交通大臣から通知された「ダム事業の検証に係る検討に関する再評価実施要領細目」（以下、「ダム検証実施要領細目」という）に基づき、予断を持たずに検討を行っています。ダム検証実施要領細目では、「コスト」についての評価の考え方として、「『コスト』は完成までに要する費用のみでなく、維持管理費等も評価する」と示されており、立野ダム検証においても、コストの評価にあたっては維持管理費についても評価しています。

完成しても水がたまらない大蘇ダム（阿蘇郡産山村）
2012年3月25日撮影

【住民側の見解】国土交通省が、立野ダム事業検証で算出した立野ダムの維持管理費は、年間二億六〇〇〇万円です。ところが、維持管理費を事業費に加えたダム代替案との比較検証はやっていないのです。立野ダムの維持管理費を事業費に加えていくと、七〇年後にはダム代替案（輪中提案）を上回ります（熊本日日新聞二〇一三年二月三日参照）。また、国土交通省が算出した維持管理費には、水漏れ対策費や地すべり対策費は含まれていません。同じ阿蘇・産山村に建設された大蘇ダムは、完成しても水がたまらず、ダム湖全体にコンクリートを吹き付ける総工費一二六億円の水漏れ対策工事をやっています。

6　立野ダムの撤去費用

【国土交通省の見解】ダムについては、適切な維持管理を実施することで、一〇〇年を超えても供用が可能であり、撤去しない計画となっています。

【住民側の見解】熊本県南部を流れる球磨川の荒瀬ダムは、一九五五（昭和三〇）年の竣工から約六〇年が経過した現在、撤去工事中です。ダムには寿命があります。コンクリートにも寿命があります。これから日本全国の多くのダムは寿命を迎え、撤去される運命にあります。高さ約二五メートルの荒瀬ダムでさえ、約九〇億円の撤去費用が必要です。高さ九〇メートルの立野ダムの撤去工法や撤去費用がどうなるのか、堆積した土砂の量などを考えると想像もつきません。ダムが寿命を迎えれば、白川の治水計画は最初からやり直しです。巨大ダムは次の世代に大きな負担だけを残します。

撤去工事が進む球磨川の荒瀬ダム（八代市）。ダムの右岸側がすでに撤去されている
2014年2月23日撮影

第5章　住民が考える白川流域の災害対策

1　ダムなしの治水対策は十分可能

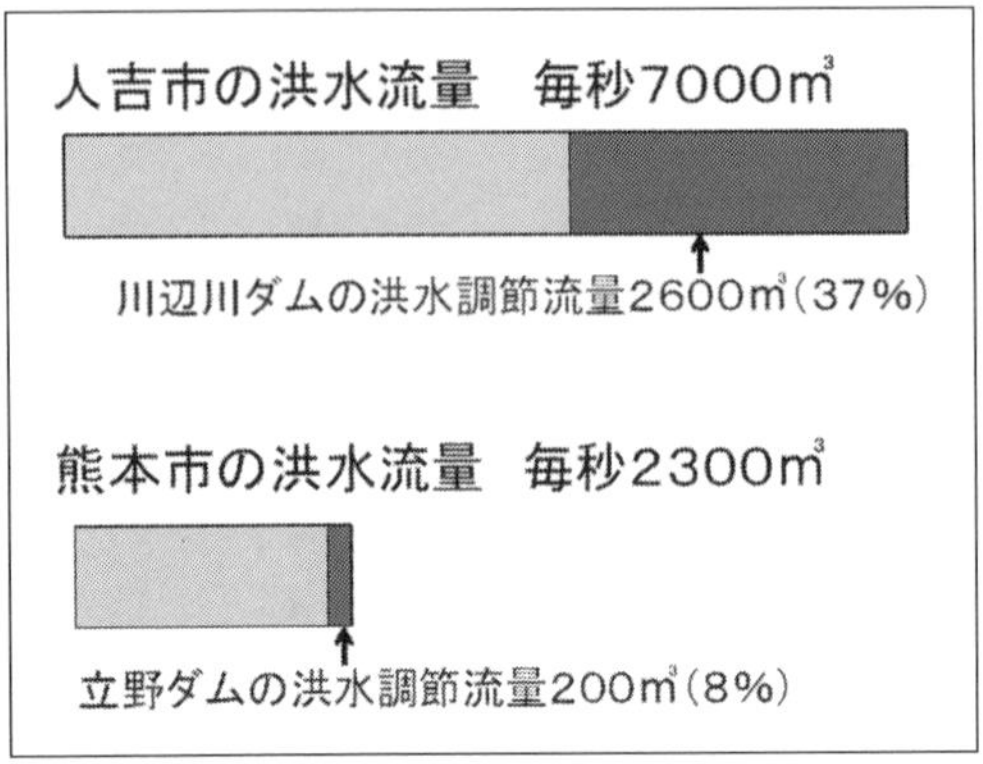
人吉市の洪水流量　毎秒7000㎥
川辺川ダムの洪水調節流量2600㎥(37%)
熊本市の洪水流量　毎秒2300㎥
立野ダムの洪水調節流量200㎥(8%)
川辺川ダムと立野ダムが受け持つ洪水流量

これまで、立野ダムは流域の安全を守るのではなく、流域に危険をもたらすものであることを述べてきました。国土交通省はいろいろな数字を持ち出して立野ダムの必要性を述べますが、ここではあえて国土交通省の数字を用いて、立野ダムなしの治水対策が十分可能であることを説明します。

川辺川ダム計画では、人吉市の洪水流量毎秒七〇〇〇立方メートルのうち二六〇〇立方メートル（全体の約三七％）を川辺川ダムで洪水調節することになっていましたが、川辺川ダム建設は中止となり、現在、国、県、地元が一体となってダムによらない治水対策が検討されています。

一方、白川の河川整備計画では、熊本市の洪水流量毎秒二三〇〇立方メートルのうち二〇〇立方メートル（全体の約八％）を立野ダムで洪水調節することになっています。この数字を見ても、立野ダムによらない治水対策は十分可能です。

2　流域ごとの対策

①上流域（阿蘇地区）

黒川流域では、国の河川激甚災害対策特別緊急事業に基づき、五年間で約二〇〇億円を投じて河川整備計画を前倒して実施する計画です。それとともに、立野ダム事業検証でも検討された黒川遊水地群のさらなる整備や、農地や山林を保全し、できるだけ雨水の河川への流出を抑制する必要があります。

また河川整備計画では、土砂災害対策には全く触れられていません。土砂災害の要因となっている荒れた放置人工林の間伐を進め、山林の保水力を高める必要があります。間伐が適正に行われた人工林では下草や下層木（広葉樹）が茂り、根をはり、植林木も根を深く張って、しっかりと土地をつかむことができます。また、阿蘇の草原の保全を進めることも土砂災害の防止につながります。

間伐材の搬出作業（球磨郡あさぎり町）
2005年4月30日撮影

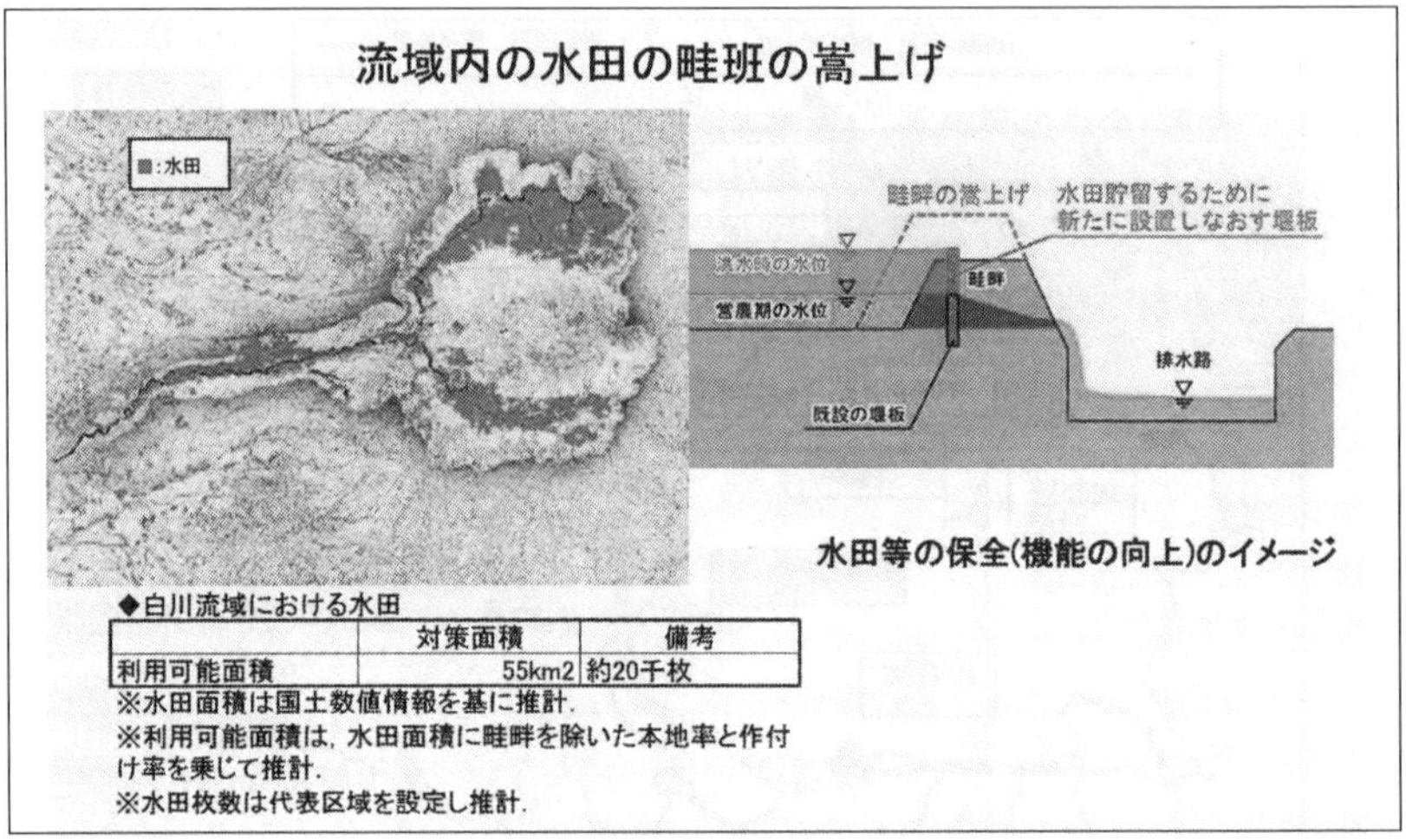
流域内の水田の畦班の嵩上げ
■:水田
畦畔の嵩上げ
水田貯留するために
新たに設置しなおす堰板
洪水時の水位
営農期の水位
畦畔
既設の堰板
排水路
水田等の保全(機能の向上)のイメージ
◆白川流域における水田
対策面積
備考
利用可能面積
55km2
約20千枚
※水田面積は国土数値情報を基に推計.
※利用可能面積は, 水田面積に畦畔を除いた本地率と作付け率を乗じて推計.
※水田枚数は代表区域を設定し推計.

流域内の水田の畦（あぜ）のかさ上げ（国土交通省資料より）

②中流域（大津、菊陽地区）

驚くことに、河川改修工事のもととなる「河川整備計画」が、大津町や菊陽町の白川中流域では策定されていません。まずは、「河川整備計画」を策定し、中流域でも河川改修を進めるべきです。

国土交通省が立野ダム事業検証で検討した立野ダム代替案の一つである「水田の保全」を、私たちは治水対策の一つとして提案します。洪水時に流域の水田約五五平方キロメートルを対象に一五センチメートル雨水をため込めるように畦（あぜ）を高くするだけで約八二五万立方メートルの容量があり、それだけで立野ダムの有効貯水量と同程度の水を蓄えることができます。流域の水田が「ざる田」と言われ高い浸透能力を持つこと、水田が広範囲に広がっていることを考えると、立野ダムを上回る治水効果があると考えられます（参照：国土交通省「立野ダム建設事業の検証に係る検討」治水対策案⑫）。

中流域の水田の保全は、日本一の熊本の地下水の保全にもつながります。

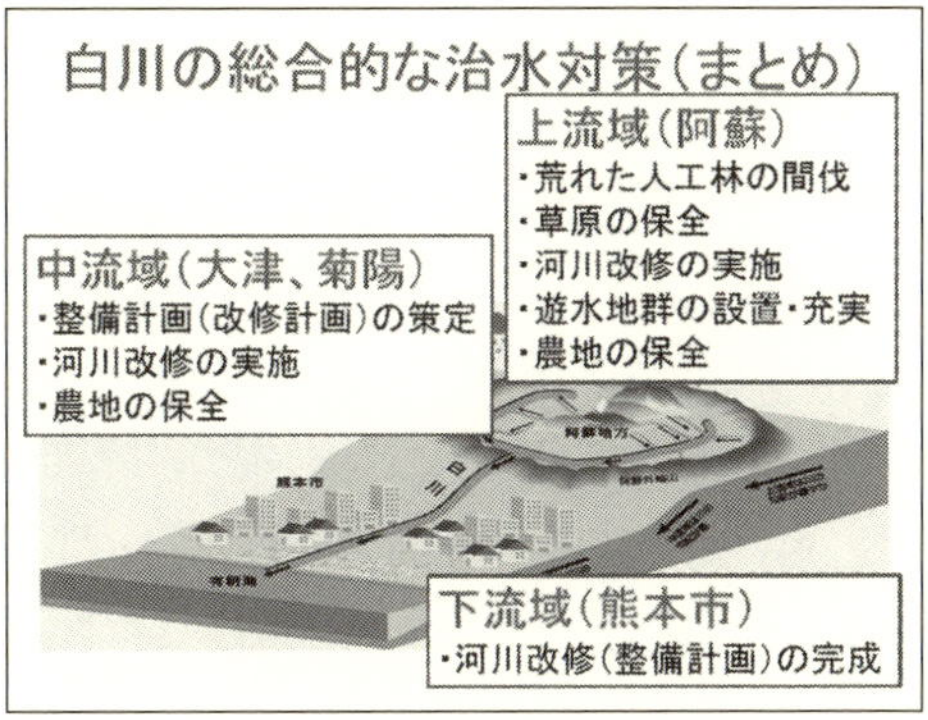

③下流域（熊本市）

二〇一二年七月洪水で浸水被害を受けた箇所は、河川改修が未完成の箇所ばかりです。明午橋、竜神橋、吉原橋の架け替えをはじめ、河川整備計画の早期完成が望まれます。熊本県の管理区間である小磧橋より上流では、これまで述べた通り「新計画」に住民の意見を反映させ、改修を進める必要があります。

3　河川行政の一元化について

二〇一二年七月洪水は、行政の無策による人災と言われても仕方がない面も多く見受けられます。まずは、白川の河川管理が小磧橋を境に国と県に分かれているため、国が管理する小磧橋から下流では堤防整備予定の約七割が完了していたのに対し、小磧橋より上流の熊本県管理区間ではほとんどが手つかずだった点です。国や県が主張する、「改修は下流から」は理解できますが、あふれる危険性が大きい箇所は先行して対策を行うべきでした。

今回、大きな被害を被った龍田陳内地区をはじめとする熊本県管理区間は、一九五三（昭和二八）年六月二六日洪水でも大きな被害を被ったにもかかわらず、宅地開発が許可され、宅地化が進み、人口密集地となりました。こうした状況であれば、速やかに小磧橋より下流の国管理区間と一体で河川整備を進めるべきでした。

国の管理区間でも、橋梁の架け替えなどの都合で堤防が未設置の箇所（竜神橋下流の左岸など）に、あらかじめ土のうを積んでおくなどの措置を取っていれば、被害は大幅に防げたはずです。

また、今回の災害では住民への避難情報伝達が遅れるなど、行政の危機管理体制の在り方が問われました。その最大の原因は、やはり白川の河川管理が小磧橋を境に国と県に分かれているため、行政の危機管理体制が一元化されていないからです。熊本市のホームページに掲載されている「熊本市ハザードマップ（洪水・高潮・地震）」を見ても、白川では「国管理区間洪水避難地図」と「県管理区間洪水避難地図」が小磧橋を境に別々に掲載されていることが、そのことを如実に物語っています。

国土交通省熊本河川国道事務所ホームページの「白川の水位状況生中継（ライブ）映像」でも、国管理区間である小磧橋より下流では二〇箇所もの白川の生中継映像が見ることができるにもかかわらず、小磧橋より上流では一箇所も見ることができません。国と県の管轄が違うだけで、住民が得ることができる情報量が大きく違うことは、許されないことです。白川の管理はすべて国直轄とし、河川行政を一元化することを提案します。

第６章　専門家・住民からの寄稿

つくってはいけない立野ダムをつくらせてはならない

京都大学名誉教授　今本博健

雄大な阿蘇外輪山の唯一の切れ目に立野ダムが計画されている。二〇一二年七月に白川が氾濫したことで、ダムに頼らざるを得ないのではないかと思われる人がおられれば、それは間違いである。河川管理者はダムができれば水害を防げるかのような説明をするが、実際には計画より小さな洪水に役立つだけで、効果が限定的なことを隠している。いま流行（はやり）の「穴あきダム」だからといって、環境破壊を避けることはできない。

常用洪水吐きを底部にもつ自然放流方式のダムを「穴あき」という。筆者が月刊誌『世界』の二〇〇七年七月号で「穴のないダムはない」と揶揄したからか、河川管理者は「流水型」と言い換えている。しかし、「水が流れないダムはない」のであり、論理的な名称とはいい難い。単に、一般が使う用語を避けただけで、外部の意見に耳を貸さない傲慢さが垣間見える。ここでは社会的に通用している穴あきを使うことにする。

最近、各地で穴あきダムが取り上げられている。立野ダムもそのひとつである。しかし、穴あきが優れているから採用されたのではない。水需要の増加が見込めなくなったため多目的で計画されたものを治水単独目的に変更し、環境派の批判をかわすため普段は水を貯めないようにしただけである。「どうしてもダムをつくりたい」というのが国交省の本音である。

河川管理者が穴あきダムの利点として挙げるのが、①自然放流方式なので操作にミスがない、②普段は空なので環境に優しい、の二点であるが、いずれも利点といえるほどのものではない。

自然放流方式は、操作ミスがないものの、状況に応じた柔軟な対応ができないという基本的な欠陥がある。下流が危険なとき、たとえ貯水量に余裕があろうと、流れるままに流し続けることになる。二〇〇四年の新潟・福島豪雨で五十嵐川が破堤したとき、大谷ダムは、結果として多くの容量を残していたにもかかわらず、自然放流方式であったがために何の対応もしなかった。また、調節放流方式では洪水が予測されると事前放流などの努力をするが、自然放流方式では「ほったらかし」である。人為操作をするダムであれば裁判沙汰である。

穴あきダムでは、穴が詰まれば大変である。計画以下の洪水であっても、非常用洪水吐から流れ出し、下流では流量が一気に増え、避難する余裕すらなくなるなど、被害が拡大する。

ダム事業者は、閉塞対策として、流木止めや土砂止めを設置し、穴にはスクリーンをかぶせて、流木や土砂が洪水吐きに入らないようにしている。また、入っても穴が詰まらないようラッパ型にしている。だが、これらによって閉塞を確実に防げるかは疑問である。

流木が阻止用の網場（あば）を乗り越えるのは多くのダムで経験している。土砂止めは先に止められた土砂をスロープ役として後からくる土砂は容易に乗越える。スクリーンも穴をすり抜けることのできる流木や土砂で目詰まりを起こす。一部でも目詰まりになれば、穴からの流出量は低下し、穴自体が詰まったと同じになる。穴あきダムに付随する重大な欠陥である。

「環境に優しい」も眉唾ものである。

ダムは巨大な人工構造物である。世界文化遺産に登録されようとする阿蘇の一角に存在するだけで景観を損なう。空気の流れを変え、生態系にも影響するのは間違いない。

たとえ、普段は水を貯めなくても、魚から見れば、暗くて長い穴と巨大な減勢工（水の勢いを減じる工作物）がある。それらをすり抜けて遡上・降下するのは困難である。

洪水で水が貯まれば生態系に大きな影響をもたらす。益田川ダムでは試験湛水だけで多くの植物や底生生物が死んだ。試験湛水は清水で行われるが、洪水の場合は泥水であるから、枝や葉に泥がくっつき、植物への影響は試験湛水の比ではない。浸かっても生き延びる植物もあろうが、以前と異なる新たな植生になってしまう。元の環境は保全されないと考えるべきであろう。

土砂の堆積も深刻である。事業者はほとんど堆積しないというが、きわめて怪しい。浅川ダムの模型実験では上流から補給した土砂のほぼ全量が貯水池内に堆積した。立野ダムの穴は浅川ダムに比べると大きいが、未曾有の大雨では山腹が崩れて大量の土砂が発生すると、それらが貯水池を埋め尽くす可能性がある。

これだけの欠陥がありながら、河川管理者はなぜダムをつくろうとするのだろうか。

その根拠となっているのが「定量治水」の論理である。対象洪水に対応しなければならないと

益田川ダム下部の「穴」の入り口に設置されたスクリーン
2008年6月25日撮影

益田川ダムの試験湛水により枯れてしまったダム湖内の植生

いうことを前提として大きな対象洪水を設定すれば、ダムを必然の選択肢にできる。しかし、この方式では、対象を超える洪水には役に立たず、「いかなる洪水に対しても住民の生命を守る」という治水の使命が果たされない。

治水の使命を果たすには、住民の生命を守ることを最重要目的として、中長期的な治水を視野に入れつつ、実現可能な対策を順次実行していくという「非定量治水」に転換する以外に道はない。具体的には、壊滅的被害をもたらす破堤を回避するため、越水にも耐える堤防補強を最優先で実施するとともに、早急に避難対策を充実させ、万一の場合も生命だけでも守れるようにすることである。この意味で、危険地の利用を規制する滋賀県の「流域治水」は、乏しい予算のなかでも、県民の生命を早急に守れるようにする有効な手法として注目される。

熊本県の治水は揺れている。治水についての信念がないのか、一方で川辺川ダムの「白紙撤回」を要求しながら、目的のない路木ダムを強行建設している。これ以上過ちを繰り返させないためには、つくってはいけない立野ダムをつくらせないようにしなければならない。もし、つくれば、日本の「宝」を失うことになる。

今本 博健（いまもと ひろたけ）一九三七年大阪市生まれ。水工技術研究所代表、京都大学名誉教授。一九七五年より京都大学教授、二〇〇一年に定年退官。京都大学防災研究所所長、淀川水系流域委員会委員長などを歴任。専門は実験水理学・河川工学・防災工学。オフィシャルページ「新たな川づくりへの挑戦」。

立野ダムにおもうこと

阿蘇火山博物館　**須藤靖明**

どうも国交省というよりも同省立野ダム事務所の見解なのか、次のような文がある。

「ダムサイトに一番近い北向山断層は、布田川・日奈久断層帯の中でも最も北東部に位置する断層ですが、文献調査及び現地調査の結果、その走向性は立野ダム建設予定地近傍へ向かわないことを確認しています」

さて、小生の勉強不足なのか、ここで述べられている「走向性」とはどのような意味なのだろうか？　分からない言葉である。「断層の走向」という言葉なら、その断層が水平面上方向で、例えば東西方向になっていれば、東西の走向を持つ断層となるが、「走向性」が「向かわないことを確認しています」とは、多分ダム本体のところには断層が無いということなのだろう？

これは非常におかしい。我が家の北側（南でもかまわない）の隣の家の敷地には東西の走向を持つ断層があるが、その断層が我が家の敷地には通っていない。従って、我が家には断層がないので、断層活動による地震には大丈夫だ。このような理屈である。果たして、それで安心して暮らせるであろうか。

ダム建設予定地には断層がない。しかし、すぐ近くには断層があるけれども、その影響は予定地には及ばないので安心してくれ。と言っている。こんな理屈でよいのだろうか。

原子力発電所の敷地には、火砕流の痕跡がない。しかし、数キロ離れたところには火砕流の痕跡があることは現地調査で確認されているが、敷地内に火砕流が到達していないので、火砕流による原子力発電所への影響は考慮しなくてもかまわない。という論理と同じである。

三枚の写真（a、b、c）は、長陽大橋を建設するために新しく道路を作った時に撮影したものである（一九九二年八月一一日に撮影。この道路はダム建設に伴う土砂運搬のためにも建設された）。道路の法面がまだ草などで覆われる前に撮ったものである。

写真ａ：長陽大橋付近の地層。遠景に烏帽子岳
1992 年 8 月 11 日撮影

現在は草などで覆われて見ることが出来ない。撮影場所は立野から栃木へ向かって長陽大橋の手前の直線道路となる最後の左へ曲がるカーブの道路左の法面である。

地表近くには火山灰層（アカボクとクロボクの層）があり、その下部は礫というより岩と火山灰の混じった層が見られる。写真ａには遠景に烏帽子岳が写っている。写真ｂは、写真ａの左部分を見るためのものである。写真ｃは、写真ｂのさらに左の部分である。クロボクの層に注目して見ると、明らかな食い違いに気付く。この三枚の写真だけから四カ所の食い違いがわかる。一番右側の食い違い（写真ａ）が

写真b：写真aの左側　1992年8月11日撮影

写真c：写真bの左側　1992年8月11日撮影

鮮明で、右上がり左下がりの食い違いである。

さて、写真aにある食い違いを断層で出来たものであるとは判断できない。下部の岩礫の層には食い違いが鮮明でないからである。断層活動があった結果かもしれないが、地すべりか崩落が生じた結果かもしれない。

立野地域がこのようにかなり不安定な地勢であることは疑いようがない。

そこで、最近の地震活動を見てみよう。二つの図のaは一九八一年から二〇〇〇年までの阿蘇カルデラとその周辺で発生した地震の震央分布である。図bは二〇〇〇年から二〇一三年までの震央分布である。図aは小生が京大火山研にいたときに決定したもの。図bは気象庁をはじめとする大学などの

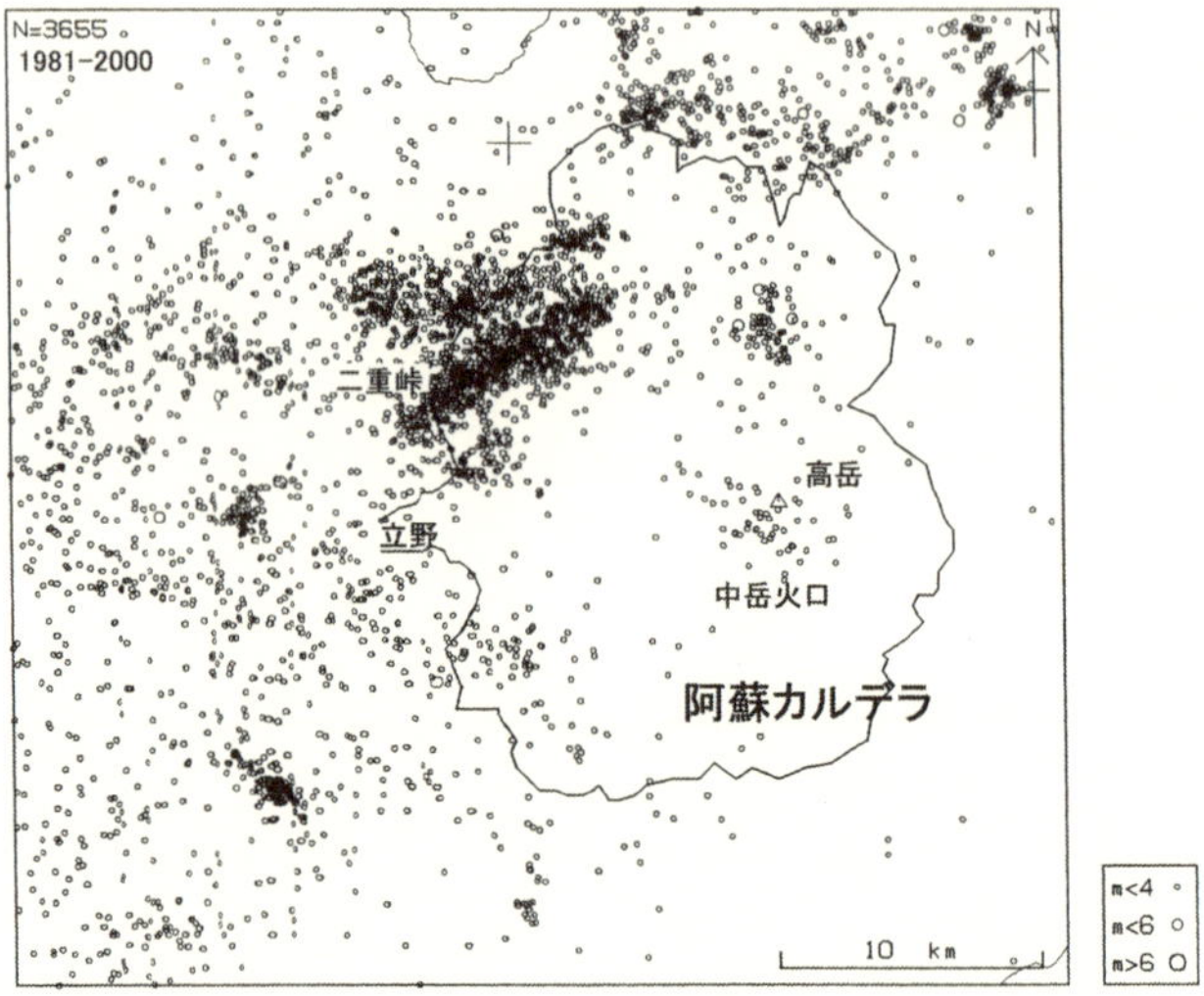

図ａ：1981 年から 2000 年までの阿蘇カルデラとその周辺で発生した地震の震央分布

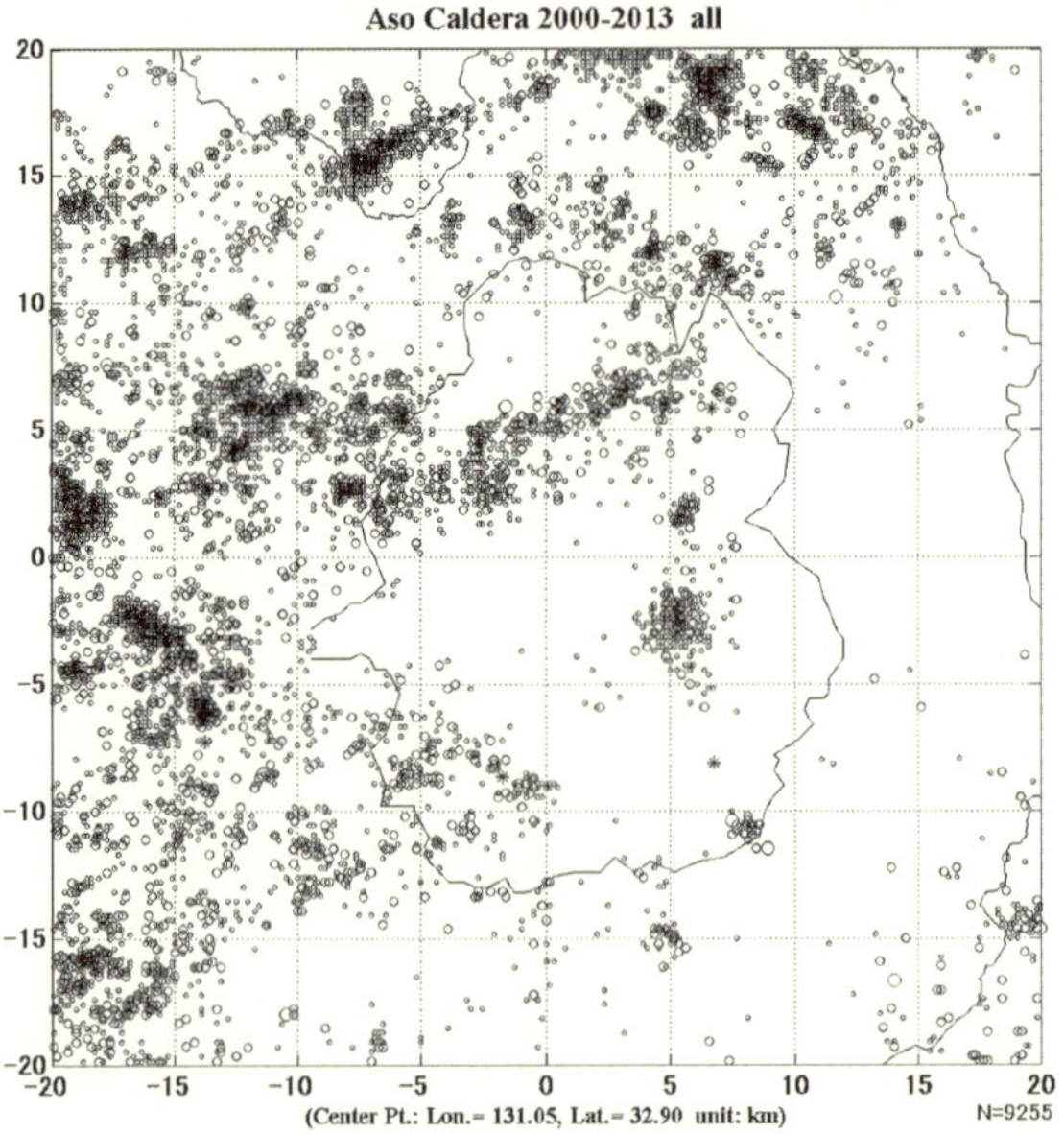

図ｂ：2000 年から 2013 年までの阿蘇カルデラとその周辺で発生した地震の震央分布

データを一元化して決定したもの。これらの図を見て、気付くことは立野地域の地震活動が低調であることと、二重峠地域が非常に活発であることである。阿蘇カルデラとその周辺地域の地震活動の特徴は、図a及びbをみても明らかなようにカルデラ西部が活発であることである。そして、震央分布から北東—南西の走向をもって分布していることである。この走向（北東—南西）は、南郷谷のカルデラ南西部の外輪山の山容を見たら実感できるであろう。つい先日、二〇一四年二月二日から発生したグリーンピア直下を震源とする群発地震（最大規模M3・1）も震源分布の走向は北東—南西であった。

このように阿蘇カルデラ西部は北東—南西の走向をもつ地震活動が活発な地域で、最近こそ立野地域の地震活動が低調であるが、将来には活発な地震活動が生じても不思議でないところである。

かように地盤も地震活動も不安定なところに恒久的な巨大建造物を建設する場合、その危険性を充分認識すべきであろう。

須藤　靖明（すどう　やすあき）一九四三年東京都生まれ。一九九三年一〇月〜二〇〇七年京都大学理学部助教授、京都大学地球熱学研究施設火山研究センター助教授。現在、阿蘇火山博物館学術顧問。

「ダム神話」ではなく、より安全・確実な河川改修を！

熊本県立大学名誉教授　中島熙八郎

あの未曽有の豪雨の時、あの場所にダムがあったら……

二〇一二年の七月一一日からの「これまでに経験したことがないような大雨（気象庁発表）」の際、「もし、（現在計画中の）立野ダムができていたら」と考えると、戦慄が走ります。

高さ九〇メートル、幅二〇〇メートルの堰堤、下部の三つの穴は岩や流木などで完全に塞がり、堰堤上流部では大量の火山灰・土砂・岩石・流木等が混じり満杯になった濁水が、轟音をたてて渦巻いています。その濁流が流木で塞がれた堰堤最上部の水吐口を超えて、巨大な滝となって流れ落ち、堰堤底部をえぐりながら白川を津波のように波状に流下する――そんな情景が想像されるのです。そのとき、ダム下流部はどうなるのか。

豪雨が去ったしばらく後まで、「地鳴りのような巨岩がぶつかり合う音が聞こえた」という話や、橋脚に大量の流木がはさまり、濁流が橋を乗り越えて流れる様を目にしたり、渦巻く濁流が波打って左右に盛り上がりながら川一杯に流れ下る情景、さらにダム建設予定地の地形を知る私としては、どうしても、上記のようなことが起こるのではと考えてしまいます。そして、治水やダムの専門家と言われるお役人や学者など有識者と言われる人々が、こんなところに、こんなダムを作ろうとするなど「正気の沙汰ではない」とも「想像力がないのか」とも思うのです。

「想定」には「想定外」がある!?

このような考えに対して、件の専門家の方々は「これまでの調査で得られたデータや、確立された理論・基準からすれば、そのような想像は杞憂であり、危険はないと考えています」と答えることでしょう。しかし、この「考えています」という言葉づかいが曲者ではないでしょうか。この言葉を別の表現では「想定」と言います。もし、「危険はない」としていたものが大災害を引き起こした場合、彼らは「想定外だった」と答えるのです。福島第一原発の過酷事故においても「想定外」という言葉が盛んに振り撒かれました。

さて、私は「想定」を否定するものではありません。調査データや理論・基準についても貴重な学術的成果として尊重する立場です。

まず、ダムであれ、河川改修であれ、どのようなものを作るのかを決定する場合「想定」は不可欠です。家を作る場合を考えればわかります。どんな敷地で家族構成はどうなっており、資金はどれくらいで等々、条件が確定しなければ家の設計はできません。しかし、河川改修やダムの場合は家に比べればはるかに複雑多岐にわたる条件があります。その上、これまでの最高水準の理論や基準であっても絶対ではなく、いわば「発展途上」にあるものです。調査データも完璧なものなどあり得ません。さらに、起こり得る様々な事象についても完全に予測することはできません。精々「シミュレーション」的に予測する水準にとどまっています。ちなみに「シミュレーション（simulation）」とは模擬実験と訳されますが、元々は「まねること」、「にせもの」を語源とする言葉です。したがってその結果からくる予測は、一つの参考にはなっても絶対ではない

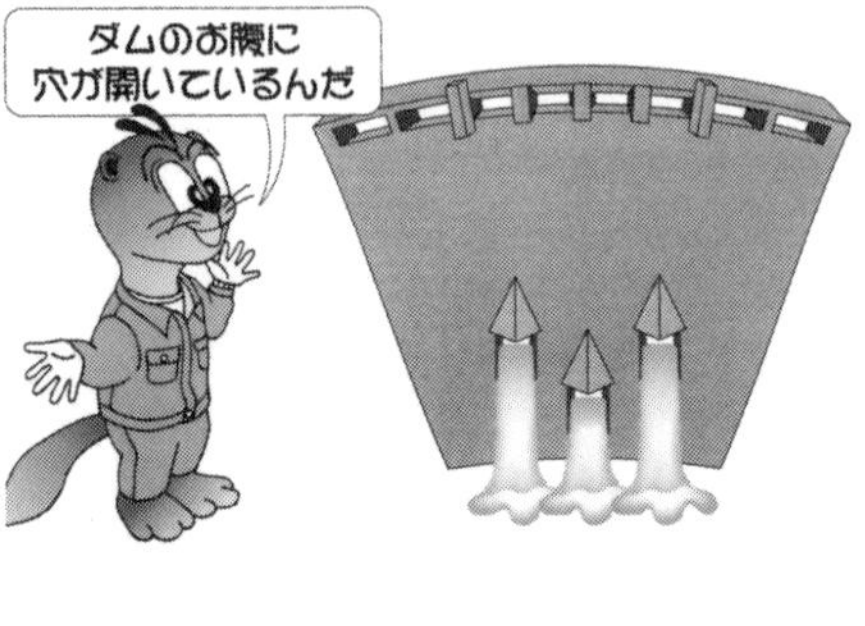

立野ダムの上部にはダムが満水になった時のための非常放水用の８つの大きな穴が開いている（国土交通省資料より）

ことは明らかです。

「ダムありき」から河川改修への方向転換を！

そのように発展途上にある未完成な、かつ、「ダムを作る」ことを前提とする理論・基準・調査データ・シミュレーション結果を金科玉条のように位置づけ、検討対象となっている国土交通省自身が選んだ専門家・学者など「有識者」の検討委員会が了承したことをもって、建設にお墨付きを与え推進しようとすることが問題なのです。

去る二〇一四年四月五日、六日の「第2回　原発と人権　全国研究・交流集会ｉｎ福島」の基調講演で、ノンフィクション作家の柳田邦男氏は原発事故に関連して、「被害者の視点からの欠陥分析とは、『もし自分あるいは家族がそこに住んでいるとしたら、そんな安全対策で十分と言えるだろうか』という一人称の意識で徹底的に検証するべきである。しかし、行政や事業者は二人称の意識しかなく、その視点は限定されている」という趣旨の話をされました。このことは、阿蘇・白川の治水対策とりわけ「立野ダム」についてもあてはまります。

「流域住民の生命と財産を守る」と公言する国土交通省及び関係者のみなさんには、この話の意味をしっかりと受け止め、「ダムありき」という呪縛（あるいは思い込み）を脱し、阿蘇・白川流域住民の声に耳を傾け、より安全な治水対策、河川改修をともに進めるという方向転換を切に望むものです。

中島熙八郎（なかじま　きはちろう）一九四七年大阪市生まれ。京都大学大学院工学研究科建築学専攻博士課程単修。熊本県立大学環境共生学部教授。京都大学論工博。現在、熊本県立大学名誉教授、くまもと地域自治体研究所理事長。

世界に誇る自然を守ろう

くわみず病院副院長　**松本　久**（南阿蘇村在住）

阿蘇カルデラ地帯は、阿蘇五岳と広大な阿蘇盆地、外輪山から構成される世界的にもスケールの大きな地形である。その一角の立野渓谷に高さ九〇メートルにもなる巨大ダムを建設するという。

一方でジオパークや世界遺産登録を切望する動きがある。世界遺産は一九六〇年にナイル川流域にアスワンハイダムが建設され始め、ヌビア遺跡が水没することが懸念されユネスコが動いたことに始まる。一方、二〇〇四年に世界遺産に登録されたドレスデン・エルベ渓谷は、ヴァルトシュレスヒェン橋を新たに建設したために二〇〇九年に世界遺産から抹消された。

立野渓谷は、阿蘇カルデラを構成する素晴らしい景観のみならず、地質学的にも貴重な場所で

北向谷原始林と白川橋梁を渡る南阿蘇鉄道トロッコ列車　2012年7月29日撮影

ある。また新たなダムの斜面には北向谷という原始林があり、自然保護上も重要である。川下の大津・熊本の水質悪化は球磨川でのダムの例をみても明らかである。立野ダム建設は、阿蘇・白川・熊本の後世に残すべき貴重な自然を破壊する行為であり、世界遺産への逆行である。

昨日、トロッコ電車に乗り、改めて立野渓谷を眺めてきた。子供連れの若いご夫婦で満員であった。現在の赤い陸橋よりも高いダムがこの渓谷に立ちふさがる姿は、「自然破壊」以外の言葉が浮かばなかった。世界遺産やジオパークに全くふさわしくない計画である。荒瀬ダムの撤去工事が苦労をして進行する中、何という愚行をまた重ねるのか。貴重な税金を自然や人間に役立つように使ってほしい。

白川の清流を守るために

立野ダムによらない白川の治水を考える熊本市議の会　代表　**田上辰也**

「立野ダムによらない白川の治水を考える熊本市議の会」は、熊本市議会議員七名で構成する超党派の団体です。私は、白川の水質悪化を懸念して立野ダム建設に反対しています。

白川と立田山と藤崎宮の森。藤崎宮の裏手で改修工事が行われている
2014年5月3日撮影

市内の中心部、大甲橋から見る立田山の景観は、緑と清流が織りなす絶景となっています。また、熊本大学病院の裏手では、夏には鮎釣りに糸を垂れる釣り人が川中に佇んでいます。このような大都会にありながら水と緑に親しみ、清流の鮎が釣れる貴重な空間を白川は持っています。未来世代に貴重な自然を引き渡す責任をもっている私たちは、立野ダムの建設でこの貴重な水辺空間が失われることを許すわけにはまいりません。

私が市議会議員になる前には、熊本市役所職員として水質関係の部署に勤務していました。白川は、十数年前まで環境基準を達成できていませんでしたが、上流の生活排水対策や事業場排水規制などで最近は良好な水質となっています。

職員当時、国土交通省熊本河川国道事務所が事務局をしている白川・緑川水質保全協議会の視察研修に参加する機会がありました。昼食後の雑談で、国交省の職員が「貴重な自然を壊す川辺川ダムを作ってはいけない」と上司に話しているのを耳にしました。最近では、国交省の河川課長会議で数値の設定一つで立野ダムの治水効果は吹っ飛んでしまうとの発言が記録されているとも聞きました。現場のことを最もよく知っているのは現場の職員ですが、その現場の声が届かないのが硬直した官僚体制です。

以前、川辺川の現地調査に参加したことがあります。よく晴れた日でした。八代海の球磨川河口は泥濁りが沖合まで続いていました。

上流をたどっても、河川工事は行われていません。泥濁りは川辺川の上流まで続き、朴の木砂防ダムの上流に大きな山のようにたまっている土砂から濁りが発生していたのです。このダムは、ダムの真ん中に穴があいていますが、穴は塞がり、上部から溢れ、又底部を削って、泥流が流れ出していたのです。

立野ダムは、治水だけが目的の穴あきダムです。川辺川で起こっていたことが白川でも起きはしないかと、大きな危機感を持っています。阿蘇には火山活動によるヨナが大量に積もっています。一旦壊してしまった自然の摂理を元に戻す方法を誰が知っているのでしょうか。今、この時に踏みとどまらないと未来の世代に大きな負の遺産を残してしまいます。皆さん、立場を超えて、世代を超えて、世界の阿蘇、清流の白川を守っていきましょう。

阿蘇の世界文化遺産登録をめざし白川郷に学ぶ

赤木光代（熊本市在住）

二〇一四年四月一六日、阿蘇の世界文化遺産登録を実現するために、合掌造りで知られる岐阜県・白川郷の観光案内人の上手重一《かみでしげかず》さんの「お話を聞く会」が熊本市で開催され、一五〇名が耳を傾けました。一九九五（平成七）年に世界文化遺産に登録された白川郷は、登録前七〇万人だった観光客は、今や一八〇〇万人です。

阿蘇を世界文化遺産に。白川郷から学ぶお話を聞く会（熊本市）
2014年4月16日撮影

お話の冒頭、登録の申請時に作成された一五分の学術的な映像が上映されました。白川郷は、岐阜県の西北部の白山連峰の麓、白川村にあり、県境を挟んで富山県の五箇山の合掌造り集落とともに「白川郷・五箇山の合掌造り集落」として世界文化遺産に登録されました。

合掌造りの三層に及ぶほぼ正三角形の大屋根は、居間客間やかつて盛んに行われた養蚕の蚕部屋を覆い守っています。一九三五年に白川郷を訪れた、ドイツの高名な建築家ブルーノ・タウトは、その著書『日本美の再発見』で、合掌家屋を「建築学上合理的でありかつ論理的である」と絶賛。ヨーロッパの中世の景観を思わせると紹介し、白川郷は世界の注目を集めました。

合掌造り集落にも一九四九年より電源開発の波が押し寄せ、下流域に六つのダムと八つの発電所が建設されました。一九六〇年代半ばには小集落の集団離村が相次ぎ、ダムの底に沈む合掌集落を目の当たりにした若い人たちから、保存の意識や運動が高まっていきました。

合掌家屋のまわりには手入れの届いた田があり、間を庄川が流れています。田と田、家と家を結ぶ水路が網の目のように張り巡らされ、水路にコンクリートは使ってはならず、畦のつくり方も規制があります。

過疎が進んだ一九七一年、「荻町の自然環境を守る会」（以下、守る会）が発足します。この守る会あってこその世界遺産です。守る会の申し合わせ事項で、合掌家屋を売らない、貸さない、壊さないの三原則を決めました。他にも、看板の一辺は一メートル二〇センチ以内、外灯は玄関に一つ、壁やシャッターは木の板で造る、洗濯物の干し場も大抵母屋の他に別棟があるので見えないようにするなどを、守る会が監視します。規制を巡って始めはトラブルも多かったとのことですが、守る会なしには保全はできず、究極の住民自治の感を抱きました。

白川郷が世界文化遺産に認定されるまでの様々な取り組みや、地域一丸となって世界遺産を守り、維持して来られたことがよく分かりました。世界文化遺産を目指す阿蘇にとって、立野ダムは絶対につくってはならないものであることが確信できました。

熊本市内の河川改修の驚き

中島　康（熊本市在住）

二〇一二年七月一二日の豪雨は、阿蘇カルデラ内の被害だけではなく、大津町、菊陽町、熊本市にまで大きな被害をおよぼしました。阿蘇方面では河川の氾濫に加え、放置された人工林の斜面崩壊が被害状況を深刻なものにしました。この水害の状況は、前回発行のブックレット『世界の阿蘇に立野ダムはいらない』に詳しく述べてあります。その時私たちが驚いた事のひとつは、熊本市の心臓部とも言える大甲橋から長六橋までの白川の右岸堤防が未完成であり、左岸より二メートル近く低くなっていたことです。

7・12 洪水直後、鋼矢板が打ち込まれる銀座橋上流右岸（熊本市）
2012 年 8 月 25 日撮影

白川右岸の熊本市の繁華街は、白川よりずっと低くなっています。道理で、毎年白川の水が増え始めると早々に、右岸側だけに土のうが積んでありました。洪水直後、早速私たちは国交省と熊本県にそのことを含め、白川の河川改修の早期実現を提言し、要望しました。すると驚くなかれ、今まで長年何もなされてこなかった熊本市内の白川右岸の堤防が一年もかけずに完成し、それ以外の工事もまたたく間に進んでいます。

川辺川ダム住民討論集会のとき、住民が主張する鋼矢板での堤防の補強に真っ向から反対していた国交省が、今回は白川の右岸堤防に鋼矢板を打ちまくっていました。国交省が変わったのでしょうか。真摯に市民の声に耳を傾け、公務員の本分に立ち戻ったのでしょうか。私たちも、もっともっと勉強し、国交省の人達と真剣にこの国の治水を、治山を、そして未来を語り合えたらいいですね。

参考資料・立野ダム関連年表　※太字は住民の動き

1969（昭和44）年		立野ダム予備調査着手
1979（昭和54）年		立野ダム実施計画調査着手
1983（昭和58）年		立野ダム建設事業着手・事務所発足
1984（昭和59）年		立野ダム損失補償基準妥結（宅地・建物）→旅館2戸、住家5戸、宅地2・5ha
1989（平成1）年		立野ダム損失補償基準妥結（農地・山林）→農地3・4ha、山林26・7ha
1993（平成5）年		地域整備計画についての協定書の調印（国・県・下流受益市町・旧長陽村） 白川水源地対策基金の設立（県・下流受益市町）
2000（平成12）年		白川水系河川整備基本方針策定
2002（平成14）年		白川水系河川整備計画策定
2010（平成22）年	9月28日	立野ダム、「ダム事業の検証にかかる検討」の対象に選定
	12月15日	立野ダム建設事業の関係地方公共団体からなる検討の場（準備会） 国、熊本県、流域7市町村（熊本市、阿蘇市、大津町、菊陽町、高森町、南阿蘇村、西原村）
2011（平成23）年	1月24日	立野ダム建設事業の関係地方公共団体からなる検討の場（第1回）
	8月23日	例年通り、幸山政史・熊本市長らが国土交通省に立野ダム整備再開を要請（白川改修・立野ダム建設促進期成会：熊本市、菊陽町、大津町、南阿蘇村）
	10月7日	**熊本市長に「立野ダム建設促進に対する抗議文」を提出（副市長が対応）**
	10月14日	立野ダム建設事業の関係地方公共団体からなる検討の場（第2回） 国交省が立野ダム以外の治水策5案を提示
	10月17日～11月15日	立野ダム建設事業の検証にかかる検討に関する意見募集（パブリックコメント）

12月1日	**国土交通省に「立野ダム建設中止を求める要望書」を提出**
12月27、28日	**「立野ダム計画および阿蘇と白川流域の自然保護に関する要望書」を流域市町村と熊本県に提出**
2012（平成24）年5月19日	**「立野ダムによらない自然と生活を守る会」結成集会**
7月12日	白川流域で集中豪雨
7月26日	**熊本市と熊本県に「7・12洪水に関する要望書」を提出**
7月28、29日	**北向谷原始林現地調査、「北向谷原始林シンポジウム」**
8月9日	**国土交通省に「白川の河川整備計画の変更と『立野ダム建設事業の関係地方公共団体からなる検討の場』に関する要望書」を提出**
8月13日	**熊本市に「立野ダム促進陳情への抗議文」を提出**
8月29日	**国土交通省に「『複数の治水対策案の立案』に関する要望書」を提出**
9月11日	立野ダム建設事業の関係地方公共団体からなる検討の場（第3回） 国交省が「立野ダム建設事業の検証にかかる検討報告書（素案）」を提示
9月18日	熊本市議会が「立野ダム建設推進を求める意見書」を可決
9月22日	**熊本市で「7・12白川水害を検証する会」を開催**
9月22〜24日	「素案」に対する公聴会（熊本市、大津町、南阿蘇村）
10月3日	熊本県議会が「立野ダム建設促進の意見書」を可決
10月12日	**熊本市に「立野ダム公聴会開催を求める要望書」を提出**
10月23日	熊本県が白川の県管理区間の新たな改修計画を発表
10月24日	熊本県知事が国交省の立野ダム事業検証に対し「異存なし」と回答
10月29日	国土交通省九州地方整備局の事業評価監視委員会が立野ダム事業継続を了承
10月29日	国土交通省九州地方整備局は立野ダム建設予定地とその周辺で、ダム工事の影響で42種もの動植物が消失するか、その恐れがあると公表

	12月1日	ブックレット『世界の阿蘇に立野ダムはいらない』発売開始
	12月6日	羽田雄一郎国土交通大臣が立野ダム建設事業の「継続」を決定
	12月18日	立野ダム事業継続を容認した蒲島郁夫県知事に対し抗議文を提出
2013（平成25）年	1月19日	『世界の阿蘇に立野ダムはいらない』出版記念集会（80名参加）
	1月29日	国土交通省は2013年度補正予算に立野ダム事業費28億円を盛り込む
	2月6日	立野ダム事業費大幅増額に対する抗議文を蒲島郁夫県知事に提出
	4月26日	「ダムによらない治水・利水を考える県議の会」が熊本市で立野ダム問題学習会を開催
	5月18日	立野ダム予定地現地見学会
	5月30日	大津町で連続シンポジウム「世界の阿蘇に立野ダムはいらない」 「白川の安全を守るために立野ダムより河川改修を進めることを求める要望書」を国、熊本県、熊本市に提出
	6月12日	白川改修計画（熊本県管理区間）現時点での住民案を熊本県に提出
	6月15日	熊本県弁護士会（公害対策・環境保全委員会）が立野ダム予定地現地調査
	7月31日	「阿蘇の世界ジオパーク認定に向け立野ダム計画再考を求める要望書」を熊本県に提出
	8月27日	国交省が来年度政府予算の概算要求に立野ダム事業費約37億円を盛り込む
	8月28日	「立野ダム促進陳情への抗議文」を熊本市、熊本県に提出
	9月11日	熊本市で白川の改修を考える住民集会
	9月20日	熊本市で連続シンポジウム part3「世界の阿蘇に立野ダムはいらない」
	9月24日	日本ジオパーク委員会、阿蘇を世界ジオパークに推薦決定
	10月1日	国土交通省に公開質問状提出
	10月17日	国土交通省より「質問状には回答しない」と回答あり

10月27日	南阿蘇村で立野ダム問題学習会
11月29日	熊本市で立野ダムを考えるつどい（県議の会主催）
2014（平成26）年1月16日	立野ダム計画の説明責任を求める要望書を県に提出
3月14日	県と国に立野ダム建設中止を求める署名提出（7980人分）
4月16日	熊本市で「阿蘇の世界遺産、白川郷に学ぶ」お話を聞く会
5月20日	白川改修・立野ダム建設促進期成会が、立野ダム本体工事の早期着工と事業の推進を強く要望する方針を決定
6月4日	白川改修・立野ダム建設促進期成会に抗議文を提出

「ストップ立野ダム」活動のあゆみ

立野ダムによらない自然と生活を守る会結成集会（熊本市パレア）
2012年5月19日撮影

連続シンポジウム「世界の阿蘇に立野ダムはいらない」 Part 2（大津町文化ホール）
2013年5月18日撮影

立野ダム問題学習会（南阿蘇村久木野庁舎）
2013年10月27日撮影

ストップ立野ダム署名活動（熊本市下通り）
2014年1月26日撮影

（表紙1）立野峡谷と第一白川橋梁を渡る南阿蘇鉄道トロッコ列車。2012年7月29日撮影
（表紙2）立野峡谷の紅葉。立野ダムができれば写真左側の北向谷原始林が60m近く水没する。2011年12月3日撮影
（裏表紙1）改修前、堤防がない大甲橋下流の右岸（下通り側）。2011年11月21日撮影
（裏表紙2）土のうが積まれ、かろうじて浸水を免れた洪水直後の同地点。2012年7月12日16時15分撮影
（裏表紙3）洪水直後に堤防工事が始まり、2ヶ月たたないうちに鋼矢板が打ち込まれた同地点。2012年8月25日撮影
（裏表紙4）洪水翌年の梅雨入り前には1年もたたずに堤防工事が完成した同地点。2013年5月22日撮影
（裏表紙5）立野ダム本体建設予定地を下流から見た写真。V字谷の奥は北向谷原始林。2011年10月10日撮影

あとがき

立野ダムによる洪水調節には「穴あきダムの穴が流木等でふさがれば洪水調節できなくなる」という致命的な欠陥があります。ダム予定地周辺の地質のことを考えても危険性が大きく、環境面から考えても、ダム予定地の立野峡谷は国立公園の特別保護地区であり、立野ダムで水没する北向谷原始林は国指定の天然記念物です。人類の財産である世界の阿蘇を守るためにも、立野ダムより河川改修を進めるべきです。

ダム本体工事は大手ゼネコンしか受注できませんが、河川改修などダムに替わる治水対策は地元業者が受注でき、地域振興にもつながります。私たちは、「公共事業も地産地消」を提案します。

これからの河川整備で、何十年、何百年後の阿蘇と白川の姿が決まってしまいます。未来を見据えた、次の世代に禍根を残さない川づくりがなされるには、私たち住民が声を上げるとともに、行政が住民の声に真摯に耳を傾けることが不可欠です。白川がより安全で、自然に満ち、住民全てに愛される川になることを祈念します。

二〇一四年七月一日

立野ダム問題ブックレット編集委員会　代表　**緒方紀郎**

立野ダムによらない自然と生活を守る会　代表　**中島　康**

■参考文献

「立野ダム事業概要」国土交通省九州地方整備局立野ダム工事事務所、平成二三年三月
「立野ダム事業概要」国土交通省九州地方整備局立野ダム工事事務所、平成二五年一〇月
「立野ダム建設事業の検証に係る検討報告書」国土交通省九州地方整備局、平成二四年一〇月
「平成24年7月九州北部豪雨について」国土交通省九州地方整備局、平成二四年九月一一日
「平成21年度立野ダム基礎資料整理業務報告書」八千代エンジニヤリング株式会社、平成二二年二月
国土交通省九州地方整備局立野ダム工事事務所ホームページ
「『流水型穴あき式ダム』の安全性・環境影響を問う」国土問題研究会　中川学
「ヨーロッパのダムと災害」木村春彦、「国土問題」12号　一九七五年
「穴あきダムについて」京都大学名誉教授　今本博健
「『穴あきダム』徹底批判」京都大学名誉教授　今本博健、『世界』（岩波書店）二〇〇七年七月
『河川の土砂災害と対策』芦田和男他、一九八三年、森北出版
『阿蘇　森羅万象』大田眞也、二〇〇九年一一月、弦書房
『新・阿蘇学』一九八七年、熊本日日新聞

編者　立野ダム問題ブックレット編集委員会
立野ダムによらない自然と生活を守る会

連絡先　立野ダム問題ブックレット編集委員会
〒862-0909　熊本市東区湖東 2-11-15　緒方紀郎宛
電話 096-367-9815

立野ダムによらない自然と生活を守る会
〒860-0073　熊本市西区島崎 4-5-13　中島康宛
電話 090-2505-3880
http://stopdam.aso3.org/

ダムより河川改修を――とことん検証　阿蘇・立野ダム

2014年7月1日　　初版第1刷発行

編者 ――― 立野ダム問題ブックレット編集委員会
立野ダムによらない自然と生活を守る会
発行者 ―― 平田　勝
発行 ――― 花伝社
発売 ――― 共栄書房
〒101-0065　東京都千代田区西神田2-5-11出版輸送ビル2F
電話　03-3263-3813
FAX　03-3239-8272
E-mail　kadensha@muf.biglobe.ne.jp
URL　http://kadensha.net
振替 ――― 00140-6-59661
装幀 ――― 佐々木正見
印刷・製本 ― 中央精版印刷株式会社

ISBN 978-4-7634-0705-4 C0036

ダムは水害をひきおこす

球磨川・川辺川の水害被害者は語る

球磨川流域・住民聞き取り調査報告集編集委員会・編

定価（本体 1500 円 + 税）

ダムは洪水を防いだか？
球磨川・川辺川の水害被害者は語る。